低渗透致密油藏压裂井现代试井解释模型

刘启国　徐有杰　编著

石 油 工 业 出 版 社

内 容 提 要

本书从不稳定渗流理论出发,利用点源函数和线性流模型,对低渗透致密油藏压裂井现代试井解释模型进行了深入研究,主要研究内容包括有限导流直井压裂井和多级压裂水平井对称缝、不规则裂缝分布试井理论模型、径向非均质储层有限导流直井压裂井多翼缝试井理论模型以及基于三线性流、五线性流模型的多段压裂水平井试井理论模型,绘制试井曲线并分析裂缝导流能力、裂缝条数和裂缝翼数等参数对试井曲线的影响。

本书适合从事试井分析的工程技术人员及高校相关专业师生参考和借鉴。

图书在版编目(CIP)数据

低渗透致密油藏压裂井现代试井解释模型/刘启国,徐有杰编著.—北京:石油工业出版社,2021.7

ISBN 978-7-5183-4616-5

Ⅰ.①低… Ⅱ.①刘… ②徐… Ⅲ.①低渗透油气藏-压裂井-试井 Ⅳ.①TE353

中国版本图书馆 CIP 数据核字(2021)第 088537 号

出版发行:石油工业出版社
(北京安定门外安华里 2 区 1 号 100011)
网 址:www.petropub.com
编辑部:(010)64523541
图书营销中心:(010)64523633

经 销:全国新华书店

印 刷:北京中石油彩色印刷有限责任公司

2021 年 7 月第 1 版 2021 年 7 月第 1 次印刷

787×1092 毫米 开本:1/16 印张:9.25

字数:210 千字

定价:78.00 元

前　　言

试井技术在石油勘探开发中起着非常重要的作用,是认识和评价油气藏的重要手段。在过去的几十年内,试井技术得到了迅速发展,提出了数目众多的试井解释理论模型及解,开发了模型丰富、功能强大、商品化程度较高的试井解释软件,解释结果可为油气藏评价与开发提供理论依据与技术指导。

低渗透致密油藏是一种重要的能源,但是由于储层致密、渗透率低,采用未压裂的直井和水平井都无法实现商业开采。为了提高原油采收率和经济开采价值,往往通过体积压裂技术提高单井产能、实现效益开发。储层渗透率及有效裂缝数量、裂缝导流能力和裂缝半长等储层和裂缝参数会显著影响油井的产能。试井技术是最有效和最经济的获取储层和裂缝参数的技术手段,试井解释模型则是现代试井解释技术的核心。本书较系统地研究了适合于低渗透致密油藏的现代试井解释模型,可以作为高校研究生和油田科技工作者的参考书籍,并有助于油藏工程专家对压力不稳定试井资料做出准确、合理的解释。

本书针对低渗透致密油藏压裂井现代试井解释理论模型进行研究,内容包括试井解释数学模型的建立、求解方法和特征曲线分析。全书共分为八章;其中第一章简要介绍低渗透致密油藏资源储量分布及开发方式;第二章推导单一介质、双重介质柱状和矩形封闭油藏点源解,为压裂井试井解释数学模型的求解奠定基础;第三章和第四章分别介绍压裂直井有限导流对称缝和多翼缝现代试井解释模型;第五章介绍径向复合储层压裂直井有限导流对称缝和多翼缝现代试井解释模型;第六章和第七章基于压降叠加原理,介绍柱状和矩形封闭油气藏多段压裂水井对称缝及不规则裂缝分布现代试井解释模型;第八章介绍压裂井三线性流和五线性流模型。

本书在编著过程中得到了中国石油大学(北京)廖新维教授、中国石化石油勘探开发研究院刘华、胡小虎等专家的热心指教以及西南石油大学杨思涵、邓祺、任科屹、付天宇等研究生的帮助,在此向他们表示衷心的感谢。在本书的编写过程中参考了相关作者的专著和文章,得到了很大的启发和帮助,在此一并表示感谢。本书得到了国家科技重大专项课题“低渗透致密油藏高效提高采收率新技术(2017ZX05009-004)”资助。

由于作者理论水平和实践经验有限,本书仍可能存在许多不完善和欠妥之处,敬请专家读者批评指正。

目　录

1　绪论 ……………………………………………………………………………………… (1)

1.1　低渗透致密油藏资源分布概况 …………………………………………………… (1)

1.2　水力压裂技术基本原理 …………………………………………………………… (4)

1.3　压裂井不稳定渗流模型概述 ……………………………………………………… (6)

2　不同边界油藏渗流微分方程及点源解 ………………………………………………… (9)

2.1　柱状油藏点源解 …………………………………………………………………… (9)

2.2　盒状封闭油藏连续点源解 ………………………………………………………… (15)

3　直井压裂井对称缝试井模型研究 ……………………………………………………… (21)

3.1　物理模型及基本假设条件 ………………………………………………………… (21)

3.2　储层数学模型解 …………………………………………………………………… (22)

3.3　考虑应力敏感影响时储层数学模型解 …………………………………………… (24)

3.4　考虑启动压力梯度影响时储层数学模型解 ……………………………………… (25)

3.5　有限导流直井压裂井井底压力解 ………………………………………………… (27)

3.6　算法研究 …………………………………………………………………………… (31)

3.7　考虑井筒储集效应与表皮效应的影响 …………………………………………… (36)

3.8　计算结果及影响因素分析 ………………………………………………………… (36)

4　直井压裂井多翼缝试井解释模型研究 ………………………………………………… (43)

4.1　直井压裂井不对称裂缝试井模型建立与求解 …………………………………… (43)

4.2　直井压裂井多翼裂缝试井模型建立与求解 ……………………………………… (47)

4.3　计算结果及影响因素分析 ………………………………………………………… (53)

5　径向复合非均质储层直井压裂井试井模型研究 ……………………………………… (59)

5.1　径向复合储层物理模型 …………………………………………………………… (59)

5.2　径向复合油藏线源解推导 ………………………………………………………… (60)

5.3　径向复合油藏直井压裂井对称缝试井模型研究 ………………………………… (66)

5.4　径向复合油藏直井压裂井多翼缝试井模型研究 ………………………………… (71)

5.5　特征曲线分析及参数敏感性分析 ………………………………………………… (72)

6　多段压裂水平井对称缝试井模型研究 ………………………………………………… (77)

6.1　物理模型描述 ……………………………………………………………………… (77)

6.2　数学模型建立与求解 ……………………………………………………………… (78)

6.3 计算结果与影响因素分析…………………………………………………………（83）
7 多段压裂水平井复杂裂缝试井模型研究…………………………………………（91）
7.1 物理模型描述……………………………………………………………………（91）
7.2 柱状油藏多段压裂水平井试井模型建立与求解………………………………（91）
7.3 盒状封闭油藏多段压裂水平井试井模型建立与求解…………………………（95）
7.4 计算结果与影响因素分析 ……………………………………………………（101）
8 基于线性流多段压裂水平井试井模型研究 ………………………………………（108）
8.1 基于三线性流模型多段压裂水平井试井模型研究 …………………………（108）
8.2 基于五线性流模型多段压裂水平试井模型研究 ……………………………（122）
附录 部分 MATLAB 计算代码 …………………………………………………………（131）
参考文献…………………………………………………………………………………（136）

1 绪　　论

1.1 低渗透致密油藏资源分布概况

能源是人类生产活动得以进行和发展的物质基础，是经济社会发展的催化剂和助推剂，已经成为当今社会发展的三大支柱之一。因此，能源安全直接关系到国家安全。随着国民经济的高速发展和国家对能源格局的战略调整，能源的消耗量和需求量急剧增加，能源与经济社会发展在总量和结构上的矛盾日益突出。中国石油经济技术研究院发布的《2018 年国内外油气行业发展报告》指出：2018 年，中国油气消费继续快速增长，石油对外依存度升至 69.8%，原油产量止跌回稳，估计年产 1.89×10^8t，同比下降 1%，跌幅明显收窄。根据英国石油公司（BP）关于一次能源消耗统计（图 1.1.1），2018 年美国一次能源总消耗量为 2300.3×10^6t（油当量），比 2017 年增加 3.51%，其中化石能源（煤炭、石油、天然气）消耗量为 1939.3×10^6t（油当量），比 2017 年增加 3.76%；清洁能源（核能、水能、风能、太阳能和天然气）消耗量为 1939.3×10^6t（油当量），比 2017 年增长 7.55%；煤炭消费量为 317×10^6t（油当量），比 2017 年减少 4.32%，占比美国一次能源消耗量的 13.8%；石油消费量为 919.7×10^6t（油当量），比 2017 年增加 1.96%，占比美国一次能源消耗量的 40%；天然气消费量为 702.6×10^6t（油当量），比 2017 年增加 10.51%，占比美国一次能源消耗量的 30.5%；核能消费量为 192.2×10^6t（油当量），和 2017 年基本持平，占比美国一次能源消耗量的 8.4%；水能消费量为 65.3×10^6t（油当量），比 2017 年减少 2.83%，占比美国一次能源消耗量的 2.8%；太阳能和风能消费量为 103.8×10^6t（油当量），

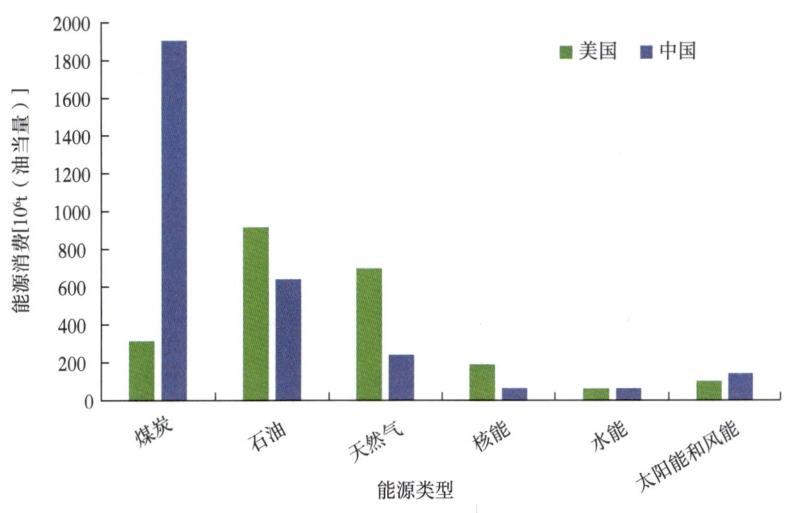

图 1.1.1　中国和美国能源消费统计图

比 2017 年增加 9.84%，占比美国一次能源消耗量的 4.5%。2018 年中国一次能源总消耗量 3273.5×10^6t（油当量），比 2017 年增加 4.28%，其中化石能源（煤炭、石油、天然气）消耗量为 2791.2×10^6t（油当量），比 2017 年增加 3.08%；清洁能源（核能、水能、风能、太阳能和天然气）消耗量为 725.6×10^6t（油当量），比 2017 年增长 13.75%。煤炭消费量为 1906.7×10^6t（油当量），比 2017 年增加 0.86%，占比中国一次能源消耗量的 58.2%；石油消费量为 641.2×10^6t（油当量），比 2017 年增加 0.86%，占比中国一次能源消耗量的 58.2%；天然气消费量为 243.3×10^6t（油当量），比 2017 年增加 17.71%，占比中国一次能源消耗量的 7.4%；核能消费量为 66.6×10^6t（油当量），和 2017 年增加 18.7%，占比中国一次能源消耗量的 2%；水能消费量为 65.3×10^6t（油当量），比 2017 年增加 3.22%，占比中国一次能源消耗量的 2.8%；太阳能和风能消费量为 143.5×10^6t（油当量），比 2017 年增加 28.82%，占比中国一次能源消耗量的 4.4%[1]。

中国油田类型复杂多样，储层大多为陆相沉积，油藏非均质性强，储层渗透率低。低渗透油藏一般指储层气测渗透率小于 50mD 的油藏。通常进一步划分为普通低渗透（10~50mD）、特低渗透（1~10mD）、超低渗透（小于 1mD）3 个亚类。中国低渗透油气资源丰富，主要分布在松辽、鄂尔多斯、渤海湾、准噶尔等盆地。低渗透油藏由于孔隙结构复杂、喉道狭窄、裂缝发育、非均质性强等特点，大多需要水平井多段压裂及体积压裂技术实现工业开采价值[2]。

随着油气勘探开发的不断深入发展，致密气、页岩气、煤层气、致密油等非常规油气在现有经济技术条件下展示了巨大的潜力。全球非常规油气资源主要包括已经获得商业开发的重油、油砂、致密油、页岩油、页岩气、煤层气和致密气 7 种类型。全球非常规油气可采资源总量为 5833.5×10^8t，其中非常规石油可采资源量为 4209.4×10^8t（占 72.2%）、非常规天然气可采资源量为 195.4×10^{12}m^3（占 27.8%）。全球非常规石油中页岩油的可采资源量最大，达 1979.3×10^8t，占 47.0%；重油次之，可采资源量为 1248.5×10^8t，占 29.7%；油砂可采资源量为 618.5×10^8t，占 14.7%；致密油可采资源量为 363.2×10^8t，占 8.6%（图 1.1.2）。北美地区海相页岩油厚度较大，油层连续性较好，处于轻质油—凝析油窗口，气油比较高，具有较高的

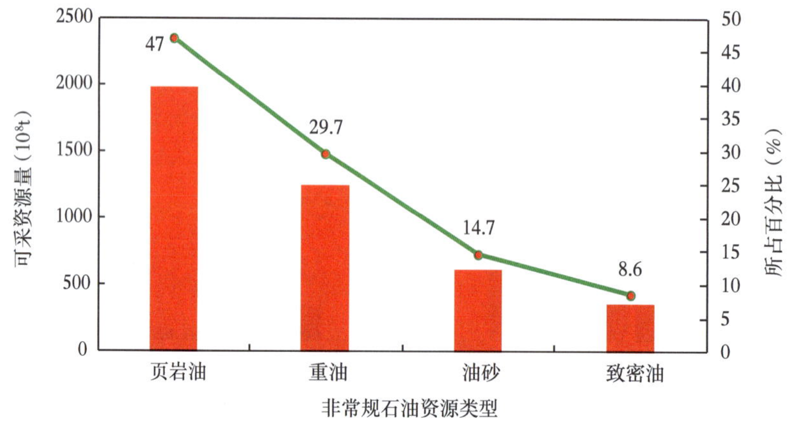

图 1.1.2　全球非常规油气资源储量统计

地层能量，依靠水平井和压裂技术，单井可实现较高初产、较高累计产量。中国陆相页岩油分中低成熟度和中高成熟度两大类，前者在内涵、开采方式、开采技术与评价标准上，不仅与美国的页岩油不同，与中国的高成熟度页岩油也不同，因此，在开采方式上有所不同。中—低成熟度页岩油以重质油、沥青和尚未转化的有机质为主，靠水平井和压裂技术难以获得经济产量，必须采用地下原位加热转化技术才能获得经济产量；高成熟度页岩油具有以成熟的液态石油烃为主、油质较轻、可动油比例较高、地质资源潜力较大但可采资源总量不确定性较高、依靠常规水平井和压裂技术可开发动用等特征（表 1.1.1）。

表 1.1.1 中国陆相页岩油分类与特征对比表

页岩油类型	赋存状态	储集空间	开发技术
中—低成熟度	已生成的滞留石油烃、沥青、固体有机物	页岩内有机孔、固态有机物转化后留下的空间	地下原位加热转化技术，部分成熟
中—高成熟度	已生成的石油烃滞留在地层中	页岩内有机孔、多类成因裂缝	水平井、体积压裂改造技术，成熟

全球非常规天然气中页岩气可采资源量最大，达 $150\times10^{12}m^3$，占 76.8%；其次为煤层气，可采资源量为 $38.2\times10^{12}m^3$，占 19.5%；致密气可采资源量为 $7.2\times10^{12}m^3$，占 3.7%（图 1.1.3）。页岩气勘探开发不同于常规油气，需通过水平井分段压裂，对富含纳米级孔隙的致密页岩储集层进行人工改造，以获得规模性天然气。针对 7 类常规气藏与 3 类非常规气藏的开发方式，不同类型气藏的主要特征及主题开发模式不同（表 1.1.2）。

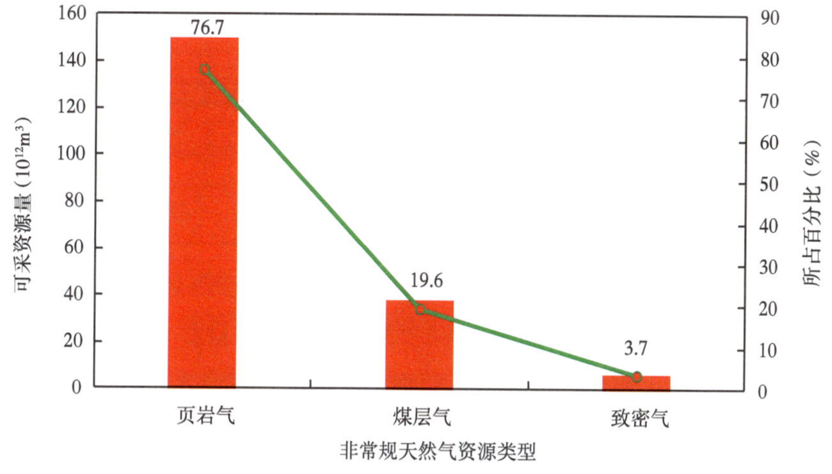

图 1.1.3 全球非常规油气资源储量统计

表 1.1.2　7 类常规气藏、3 类非常规气开发技术体系

	气藏类型	典型气田	主要特征	主体开发技术
常规气藏	深层高压气藏	塔里木盆地克拉 2、迪那 2	埋藏深、构造复杂、高温高压、普遍存在边底水	复杂构造和裂缝描述、水侵动态分析和均衡开发
	碳酸盐岩气藏	四川盆地石炭系气藏和龙王庙组气藏	发育多种储集体类型、储渗能力差异大、边底水活跃	储渗体刻画、多井型优化配置，酸化酸压、排水采气
	高含硫气藏	四川盆地普光气田、罗家寨气田	储层渗透性较好、边底水较活跃	安全钻井与完井、油套管及集输腐蚀控制和净化处理
	低渗透气藏	鄂尔多斯盆地榆林气田	储层渗透率相对较低、连通性相对较好	井网一次部署、增压开采
	疏松砂岩气藏	柴达木盆地涩北气田群	地层层数多、层间差异大、存在多套气水系统、地层出砂出水	细分层系、多套井网开发、防砂治水
	火山岩气藏	松辽盆地徐深气田、准噶尔盆地克拉美丽气田	结构单元形态、规模差异大，孔洞缝系统复杂、气藏连通性差	火山岩体内幕精细刻画、多井型储层改造
	海上气藏	南海陵水、东方气田	储层物性较好、单井控制储量大	深水钻井平台、水下井口密封、排水采气
非常规气藏	致密砂岩气	鄂尔多斯盆地苏里格气田和大牛地气田	储层物性差、致密、大面积分布、有效砂体连续性差、单井产量低	富集区优选、直井分压合采、水平井多段改造、井下节流与中低压集输
	煤层气	沁水盆地樊庄和鄂东缘韩城区块	自生自储吸附型、与地层水共存、割理发育	煤岩结构和水文地质描述、U 形井和鱼骨井、排采工艺
	页岩气	蜀南地区涪陵气田、长宁气田	自生自储、大面积分布、多尺度流动、解吸扩散和渗流并存	甜点区(段)优选、大平台水平井钻井、长水平段体积改造、压裂液回收再利用

1.2　水力压裂技术基本原理

水力压裂技术是油气勘探评价、完井试采、开发建产和增产等环节经常采用的一种重要工程技术，更是低渗透油气藏、页岩油气勘探和整体开发的关键技术。从 1947 年水力压裂技术在美国首次应用至今，水力压裂技术在压裂工艺和压裂评价方面都取得了较好的效果。水力压裂技术是通过地面向地下注入流体，随着流体注入量增加，最终注入流体所产生的应力大于储层岩石破裂所需要的最大应力从而导致地层破裂。根据不同的井型结构，水力压裂通常分为直井压力和水平井多级压裂。

为了在地层内产生裂缝，首先要泵入前置液，然后逐级泵入混合并携带支撑剂的压裂液，压裂液携砂进入裂缝。通常压裂液和支撑剂在作业的同时被混合成砂浆，然后使用专门的泵送液体和固体混合物的设备将砂浆泵入井下。最后，所有压裂液被驱替至裂缝内，各级压裂液被连续无间断的注入。在驱替完成后,停泵使裂缝闭合在支撑剂上,为获得所需裂缝特性,压裂工程师可改变前置液和各级压裂液的用量、支撑剂级数、各级支撑剂浓度、泵排量以及压裂液类型,典型的压裂作业变量如图 1.2.1 所示。

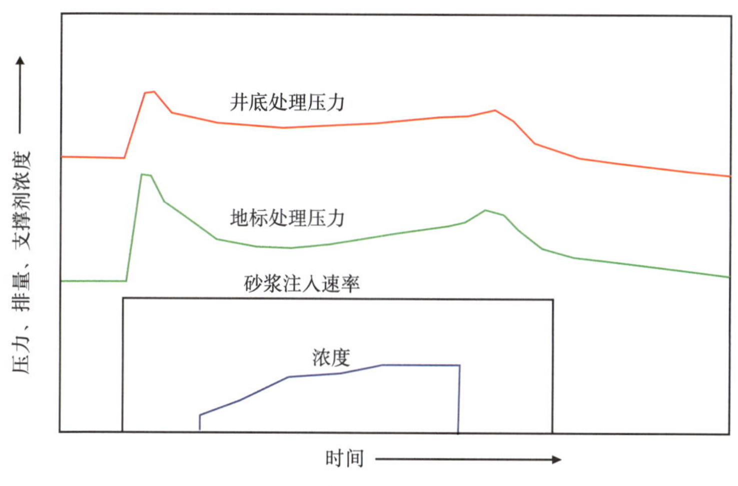

图 1.2.1 典型水力压裂作业图

近年来,随着水力压裂技术的不断进步与发展,直井、水平井大规模压裂成为提高特低渗透/致密油藏的主要措施和手段。水力压裂就是利用地面高压泵,通过井筒向油层挤注较高黏度的压裂液。当注入压裂液的速度超过油层的吸收能力时,则在井底油层上形成很高的压力,当这种压力超过井底附近油层岩石的破裂压力时,油层将被压开并产生裂缝。这种压裂裂缝的导流能力往往高于储层天然裂缝,因此,达到了降低井筒周围阻力、提高油井产量的目的。由于地应力分布不均匀、渗透率各向异性的影响,导致水力压裂产生的裂缝与井筒正交或关于井筒不对称,通过微地震检测也可以观察到这种现象的存在(图 1.2.2)。然

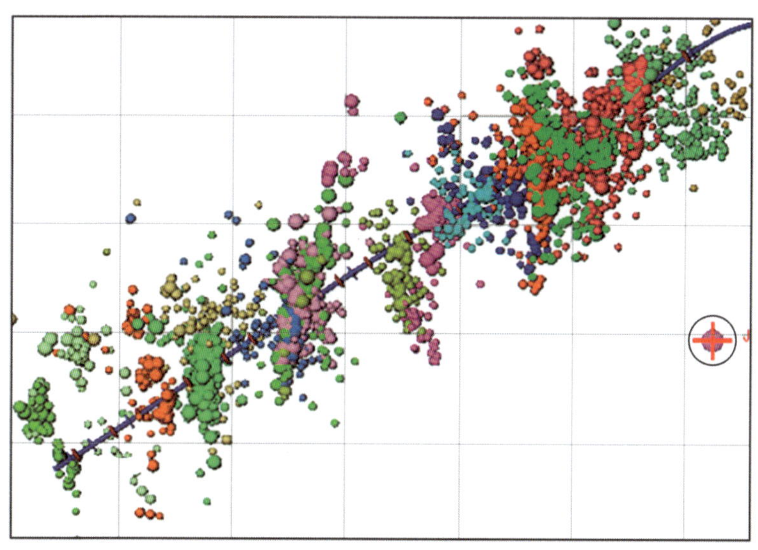

图 1.2.2 压裂井微地震解释

而，为了更加准确地描述直井压裂井及多段压裂水平井渗流过程，往往通过试井分析方法分析流动阶段，通过每个流动阶段曲线特征分析渗流过程并对储层参数进行解释和评价。

1.3 压裂井不稳定渗流模型概述

渗流力学作为研究流体在多孔介质中运移规律的学科，是油气藏工程、地下水科学与工程、岩土工程、环境工程等诸多领域十分重要的理论基础。试井分析作为渗流力学的一个重要应用分支，分为产能试井和不稳定试井两大类，试井分析也是油气藏评价、储层参数获取和压裂裂缝参数获取的重要手段，这些重要参数的获取有助于指导油气藏评价，为油气藏开发方案的设计提供基础数据。20 世纪 50 年代，国内外普遍使用半对数曲线分析方法进行试井解释，截至目前为止常规试井解释方法还在起着很好的作用，但是，常规试井也存在着一定的局限性，例如，当测试时间比较短、径向流阶段未出现时，常规试井解释就显得无能为力。随着计算机技术的发展，现代试井解释技术得到了很好的发展，现代试井解释技术主要根据压力导数曲线特征，通过计算机拟合压力和压力导数曲线来获取储层相关参数（图 1.3.1）。

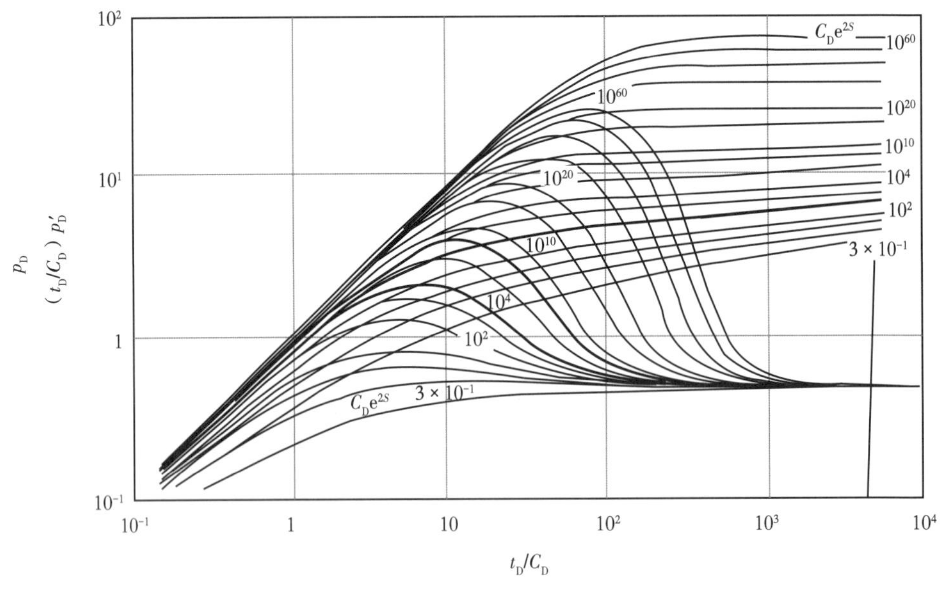

图 1.3.1 直井压力及压力导数双对数特征曲线[3]

目前国内外关于直井压裂井及多段压裂水平井试井理论模型进行了大量的研究，总体而言，研究方法主要以点源法[4-15]、三线性流模型[16-19]和椭圆流模型[20-24]为主，其中应用最多的是点源法和线性流模型。目前国内外学者基于线性流模型对压裂井及压裂水平井进行了大量的研究，研究最多的是三线性流到五线性流模型。和线性流相比较，点源法是目前压裂井和压裂水平井试井模型研究的主流方法，其优点是利用该方法可以建立任意走向裂缝试井分析模型，该方法的广泛应用弥补了线性流模型无法解决的难题。早在20世纪，Gringarten[6]和Ozkan[6]分别给出了实空间和Laplace空间下点源解、线源解和面源解，和实空间源函数解相比，考虑不同储层类型和复杂渗流机理试井模型建立与求解时，Laplace空间源函数解体现出了很大的优势。因此，近年来，大多数学者在压裂井及压裂水平井试井理论模型研究方面主要基于Laplace空间源函数解。考虑压裂裂缝为有限导流时，Cinco-Ley等[25-27]耦合压裂裂缝与储层模型，建立了有限导流直井压裂井不稳定渗流数学模型。目前大多数学者基于该方法研究了有限导流多段压裂水平井井底压力不稳定渗流数学模型，通过分析井底压力动态特征曲线来研究井底压力动态(图1.3.2至图1.3.5)。

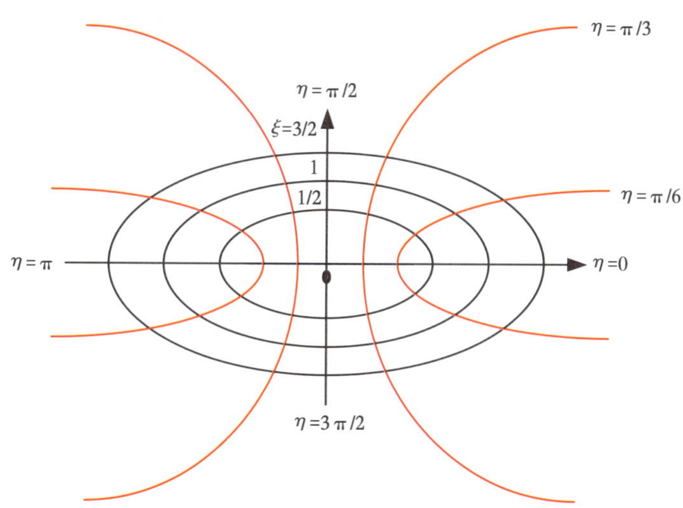

图1.3.2 基于椭圆坐标计算压裂井井底压力模型示意图[28]

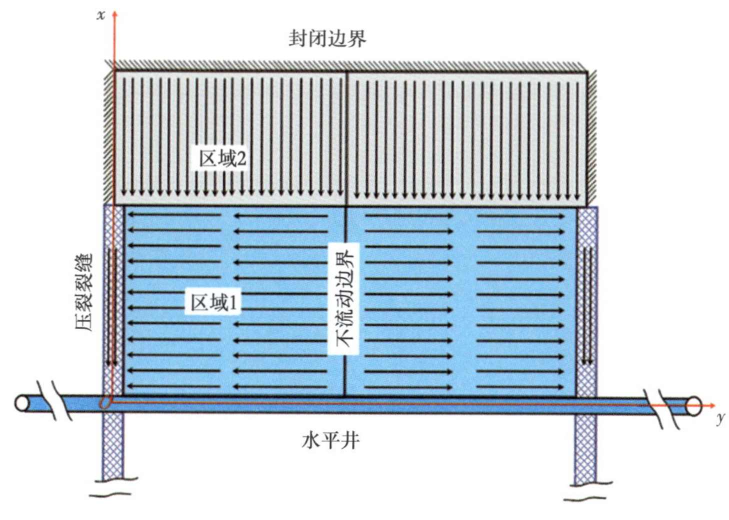

图1.3.3 三线性流模型示意图[16]

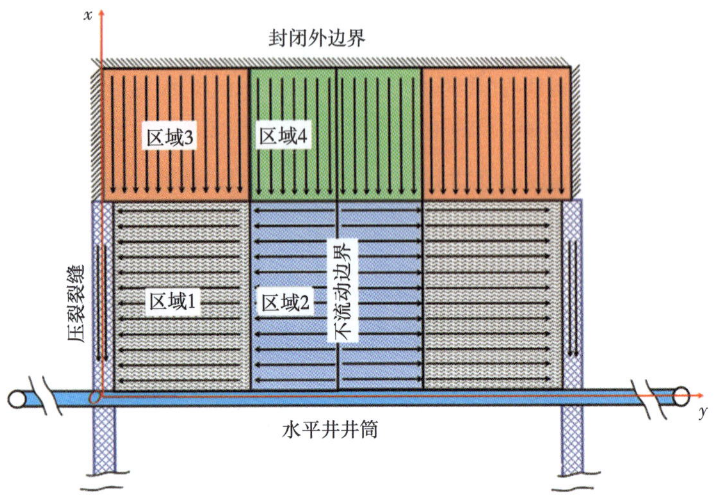

图 1.3.4　五线性流模型示意图[17]

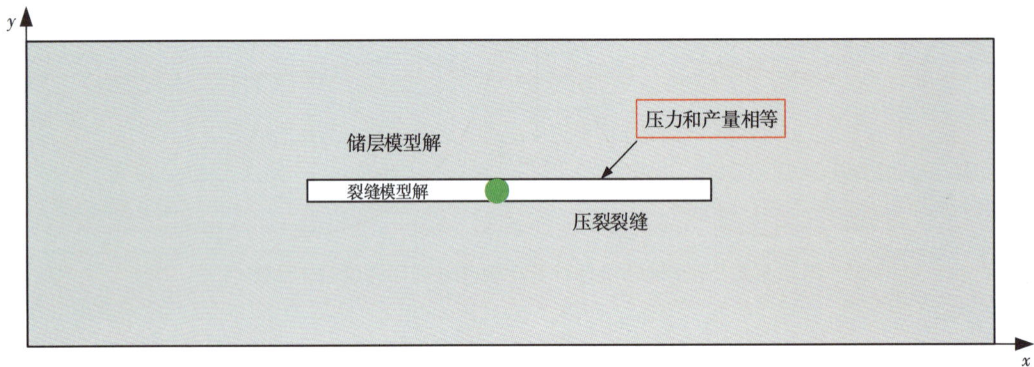

图 1.3.5　点源法求解压裂井井底压力物理模型示意图[23]

2 不同边界油藏渗流微分方程及点源解

研究压裂井及压裂水平井的基础是建立地下原油流动微分方程,通过求解不稳定渗流微分方程获得井底压力解并进行井底压力动态特征分析。源函数是解决地下油气不稳定渗流及方程求解的一个重要方法。因此,在前人研究的基础上,本章的主要目的是基于连续性渗流微分方程、状态方程和运动方程,建立三维无限大不同尺度致密油藏不稳定渗流数学模型,利用 Laplace 积分变换、Fourier 积分变换、镜像反映和 Poisson 求和公式等数学方法,获得不同外边界和不同尺度致密油藏渗流微分方程模型解。

2.1 柱状油藏点源解

联立连续性微分方程、运动方程和状态方程,建立球坐标系下不同油藏基本渗流微分方程。基本假设条件如下:

(1)介质中的流体单相微可压缩;

(2)在模型的建立和求解过程中不考虑重力和毛细管力;

(3)不考虑井筒储集效应和表皮效应的影响;

(4)流体在地层中的流动满足达西渗流规律和等温渗流;

(5)流体在地层中的流动源于瞬时点源流量的采出。

在三维无限大油藏中有一点源 M,在 $t=0$ 时刻从点源中瞬时采出 $\tilde{q}$ 的原油,瞬时原油的采出在点源 M 处产生一定的压力降(图 2.1.1),因此,认为流体在地层中的流动是连续的。根据上面描述渗流理论可以得到不同介质油藏无限大外边界的微分方程以及边界条件和初始条件。为了方便,后面所有的公式推导都采用达西单位制。

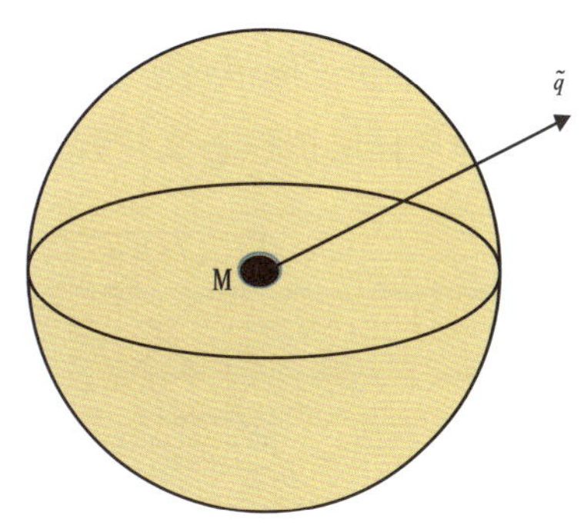

图 2.1.1 点源物理模型示意图

2.1.1 三维无限大空间瞬时点源解

(1) 均质油藏。

均质油藏是指单一孔隙介质结构的油藏,这种孔隙介质既是储集空间又是渗流通道,也就是说流体通过单一孔隙结构直接流入井筒。因此,均质油藏的渗流微分方程以及内外边界可以写为如下形式。

$$
\begin{cases}
\dfrac{\phi\mu C_{\mathrm{t}}}{K_{\mathrm{m}}}\dfrac{\partial\Delta p_{\mathrm{m}}}{\partial t}-\dfrac{1}{r^{2}}\dfrac{\partial}{\partial r}\left(r^{2}\dfrac{\partial\Delta p_{\mathrm{m}}}{\partial r}\right)=0\\
\Delta p_{\mathrm{m}}(t=0,r>\varepsilon\rightarrow 0)=0\\
\lim\limits_{\varepsilon\rightarrow 0}4\pi K_{\mathrm{m}}L_{\mathrm{ref}}^{3}\left(r^{2}\dfrac{\partial\Delta p_{\mathrm{m}}}{\partial r}\right)_{r=\varepsilon}=-\tilde{q}\mu\delta(t)\\
\Delta p_{\mathrm{m}}(t\geqslant 0,r\rightarrow\infty)=0
\end{cases}
\tag{2.1.1}
$$

式中 ϕ——储层孔隙度；

K_{m}——地层基质渗透率，D；

μ——储层流体黏度，mPa · s；

t——生产时间，s；

C_{t}——综合压缩因子，atm^{-1}；

L_{ref}——参考长度，cm；

$\delta(t)$——Dirc 函数；

$\tilde{q}$——瞬时流量，cm^3/s；

p_{m}——均质油藏任意位置压力，atm。

（2）双重介质油藏。

双重介质模型最初是在 1960 年由 barenblatt 等人提出。他们认为天然裂缝系统中的压力不等于基质系统中的压力，即储层中任意一点都存在两种压力。基质作为流体的主要储集空间，天然裂缝为基质中的流体提供了渗流通道，基质中的流体只有通过天然裂缝才能流入井筒，基质中的流体不直接流入井筒。本次研究也将以 Warren-Root 模型作为研究基础，建立双重介质储层拟稳态试井数学模型（图 2.1.2）。

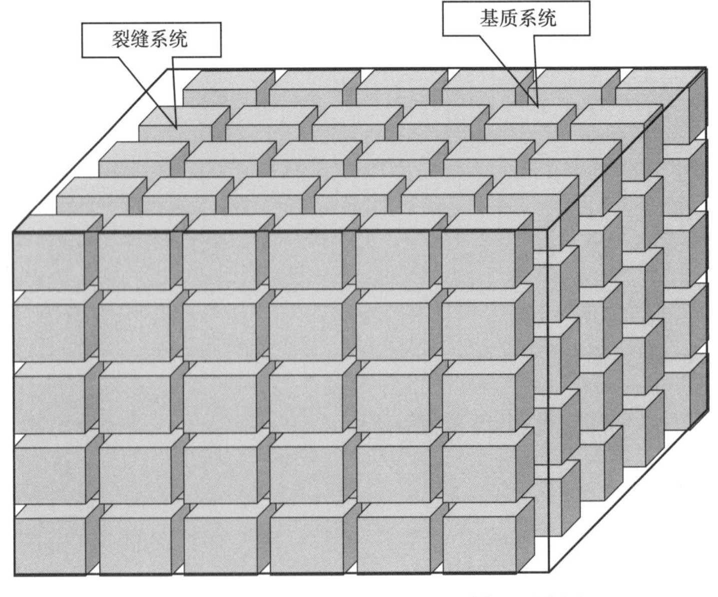

图 2.1.2　双重介质 Warren-Root 模型示意图

基于以上物理模型,建立双重介质油藏基本渗流微分方程以及内外边界条件如下。

$$\begin{cases}\dfrac{1}{r^2}\dfrac{\partial}{\partial r}\left(r^2\dfrac{\partial \Delta p_{\mathrm{nf}}}{\partial r}\right)+\lambda(\Delta p_{\mathrm{f}}-\Delta p_{\mathrm{m}})=\omega\dfrac{\partial \Delta p_{\mathrm{nf}}}{\partial t}\\ -\lambda(\Delta p_{\mathrm{m}}-\Delta p_{\mathrm{nf}})=(1-\omega)\dfrac{\partial \Delta p_{\mathrm{m}}}{\partial t}\\ \Delta p_{\mathrm{nf}}(t=0,r>\varepsilon\to 0)=0\\ \lim\limits_{\varepsilon\to 0}4\pi K L_{ref}^3\left(\mathrm{r}^2\dfrac{\partial \Delta \mathrm{p}_{nf}}{\partial \mathrm{r}}\right)_{\mathrm{r}=\varepsilon}=-\tilde{\mathrm{q}}\mu\delta(\mathrm{t})\\ \Delta \mathrm{p}_{nf}(\mathrm{t}\geqslant 0,\mathrm{r}\to\infty)=0\end{cases} \tag{2.1.2}$$

其中

$$\omega=\frac{(\phi C_{\mathrm{t}})_{\mathrm{f}}}{(\phi C_{\mathrm{t}})_{\mathrm{f+m}}}$$

$$\lambda=\frac{\alpha K_{\mathrm{m}} L_{\mathrm{ref}}^2}{K_{\mathrm{f}}}$$

式中　p_{nf}——天然裂缝系统压力,atm;

ω——弹性储容比;

λ——窜流系数;

α——形状因子。

为了计算方便,定义以下无量纲参数:

$$r_{\mathrm{D}}=\frac{r}{L_{\mathrm{ref}}};p_{j\mathrm{D}}=\frac{2\pi Kh}{q_{\mathrm{sc}}\mu}(p_{\mathrm{e}}-p_j),(j=\mathrm{m},\mathrm{nf});t_{\mathrm{D}}=\frac{Kt}{(\phi C_{\mathrm{t}})_{\Lambda}\mu L_{\mathrm{ref}}^2};$$

$$\Lambda=\mathrm{m},\mathrm{m}+\mathrm{f};l_{\mathrm{D}}=\frac{l}{L_{\mathrm{ref}}}\sqrt{\frac{K}{K_l}}$$

式中　q_{sc}——油井地下产量,cm^3/s;

r——径向距离,cm;

K——储层平均渗透率,对于天然裂缝油藏 $K=K_{\mathrm{nf}}$,对于均质油藏就用 K 表示,

$K=\sqrt[3]{K_x K_y K_z}$,D;

l——x,y,z 三个不同方向坐标,cm;

h——储层厚度,cm;

p_{e}——原始地层压力,atm;

Λ——油藏类型(m 代表均质油藏,m+f 代表天然裂缝油藏)。

式(2.1.1)和式(2.1.2)分别是均质油藏和双重介质油藏无量纲渗流微分方程,无论是均质油藏还是双重介质油藏,最终,Laplace 空间下总的的无量纲渗流微分方程如下:

$$\begin{cases}\dfrac{1}{r_D}\dfrac{\partial}{\partial r_D}\left(r_D^2\dfrac{\partial\Delta\bar{p}}{\partial r_D}\right)=u\Delta\bar{p}\\ \Delta\bar{p}(u,r_D\to\infty)=0\\ \lim\limits_{\varepsilon_D\to 0}4\pi L_{ref}^3\left(r_D^2\dfrac{\partial\Delta\bar{p}}{\partial r_D}\right)=-\bar{\tilde{q}}\end{cases} \tag{2.1.3}$$

对式(2.1.3)求解得到三维无限大空间瞬时点源解：

$$\Delta\bar{p}=\frac{\bar{\tilde{q}}\mu}{4\pi KL_{ref}}\frac{\exp(-\sqrt{u}R_D)}{R_D} \tag{2.1.4}$$

$$R_D=\sqrt{(x_D-x_{wD})^2+(y_D-y_{wD})^2+(z_D-z_{wD})^2}$$

$$\bar{\tilde{q}}=\frac{\tilde{q}}{s}$$

式中 s——Laplace 积分变量。

对于不同油藏，u 的表达式不同，均质油藏、双重介质油藏 u 的具体表达式如下：

$$u=\begin{cases}s & 均质\\ \dfrac{\lambda+s\omega(1-\omega)}{\lambda+s(1-\omega)}s & 双重介质\end{cases} \tag{2.1.5}$$

因此，根据前面的求解可以得到格林函数表达式为：

$$G(x_D-x_{wD},y_D-y_{wD},z_D-z_{wD})=\Delta\bar{p}/\bar{\tilde{q}} \tag{2.1.6}$$

2.1.2 顶底封闭油藏连续点源解

2.1.1 节建立并求解了三维无限大空间渗流数学模型，本节主要根据上述模型所给的瞬时点源解，应用镜像反映原理和压降叠加原则，分别求出柱状油藏点源解。顶底封闭、侧向无限大外边界点源模型示意图如图 2.1.3 所示。

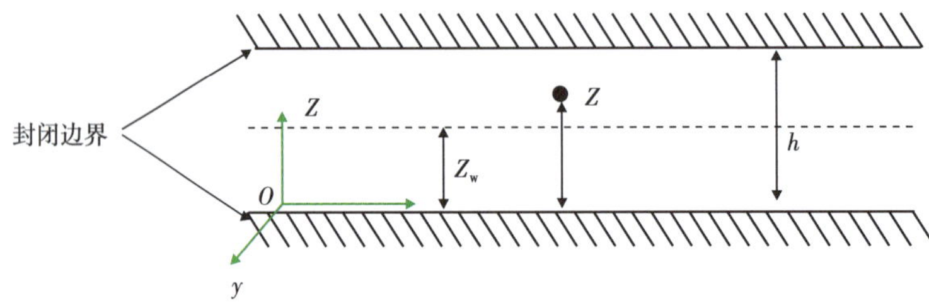

图 2.1.3 顶底封闭点源示意图

通过对式(2.1.4)利用镜像原理和压降叠加的方法得到 Laplace 空间总的压力降为：

$$\Delta\bar{p}=\frac{\tilde{q}\mu}{4\pi KL_{ref}s}\sum_{n=-\infty}^{+\infty}\left[\frac{\exp(-\sqrt{u}\sqrt{r_D^2+z_{D1}^2})}{\sqrt{r_D^2+z_{D1}^2}}+\frac{\exp(-\sqrt{u}\sqrt{r_D^2+z_{D2}^2})}{\sqrt{r_D^2+z_{D2}^2}}\right] \tag{2.1.7}$$

其中

$$r_{\mathrm{D}}=\sqrt{(x_{\mathrm{D}}-x_{\mathrm{wD}})^{2}+(y_{\mathrm{D}}-y_{\mathrm{wD}})^{2}}$$

$$z_{\mathrm{D1}}=z_{\mathrm{D}}-z_{\mathrm{wD}}-2nh_{\mathrm{D}}$$

$$z_{\mathrm{D2}}=z_{\mathrm{D}}+z_{\mathrm{wD}}-2nh_{\mathrm{D}}$$

式中　h——储层厚度,cm;

h_{D}——无量纲储层厚度,$h_{\mathrm{D}}=h/L_{\mathrm{ref}}$。

为了求解式(2.1.7),引入 Poisson 求和公式进行化简,首先将式(2.1.7)转到实空间,为了书写简单,引入以下中间变量:

$$a_{1}=\sqrt{r_{\mathrm{D}}^{2}+z_{\mathrm{D1}}^{2}}$$

$$a_{2}=\sqrt{r_{\mathrm{D}}^{2}+z_{\mathrm{D2}}^{2}}$$

$$\beta_{1}=z_{\mathrm{D}}-z_{\mathrm{w}}$$

$$\beta_{2}=z_{\mathrm{D}}+z_{\mathrm{w}}$$

利用拉普拉斯逆变换基本原理得到实空间压力降为:

$$\Delta p=\frac{\tilde{q}\mu}{4\pi KL_{\mathrm{ref}}s}\frac{1}{2\sqrt{\pi}}\sum_{n=-\infty}^{+\infty}\left\{\frac{\exp[-a_{1}^{2}/(4t)]}{t\sqrt{t}}+\frac{\exp[-a_{2}^{2}/(4t)]}{t\sqrt{t}}\right\}\tag{2.1.8}$$

对式(2.1.8)进行化简,得到的结果为:

$$\Delta p=\frac{\tilde{q}\mu}{4\pi KL_{\mathrm{ref}}s}\frac{1}{2\sqrt{\pi}}\frac{\mathrm{e}^{\left(-\frac{r_{\mathrm{D}}^{2}}{4t}\right)}}{t\sqrt{t}}\sum_{n=-\infty}^{+\infty}\left[\mathrm{e}^{-\frac{(\beta_{1}-2nh_{\mathrm{D}})^{2}}{4t}}+\mathrm{e}^{-\frac{(\beta_{2}-2nh_{\mathrm{D}})^{2}}{4t}}\right]\tag{2.1.9}$$

由于式(2.1.9)右边中括号内第一项与第二项的表达式相同,因此,只需要对第一项进行 Passion 求和,得到结果之后两者相加就可以得到整个点源函数在 Laplace 空间的解,于是第一项可以变为:

$$\sum_{n=-\infty}^{+\infty}\exp\left[-\frac{(\beta_{1}-2nh_{\mathrm{D}})^{2}}{4t}\right]=\frac{\sqrt{\pi t}}{h_{\mathrm{D}}}\left\{1+2\sum_{n=1}^{+\infty}\exp\left[-\frac{(n\pi)^{2}t}{h_{\mathrm{D}}^{2}}\right]\cos n\pi\frac{\beta_{1}}{h_{\mathrm{D}}}\right\}\tag{2.1.10}$$

对式(2.1.10)两边同时乘 $1/t\sqrt{t}$ 进行 Laplace 变换,因此,式(2.1.10)可以写为:

$$\sum_{n=-\infty}^{+\infty}\frac{\mathrm{e}^{-z_{\mathrm{D1}}\sqrt{u}}}{z_{\mathrm{D1}}}=\frac{1+2\sum\limits_{n=1}^{+\infty}\cos\dfrac{n\pi\beta_{1}}{h_{\mathrm{D}}}}{h_{\mathrm{D}}}\tag{2.1.11}$$

为了得到三维空间的 Laplace 空间压力解,在式(2.1.11)两边同时乘以 $\exp\left(-\dfrac{r_{\mathrm{D}}^{2}}{4t}\right)/\sqrt{\pi t}$,

再经过Laplace 变换，得到如下表达式：

$$\sum_{n=-\infty}^{+\infty}\frac{\mathrm{e}^{-a_1\sqrt{u}}}{a_1}=\frac{1}{2h_{\mathrm{D}}}\int_0^{\infty}\left[\exp\left(-\frac{r_{\mathrm{D}}^2}{4t}-ut\right)\mathrm{d}t+2\sum_{n=1}^{+\infty}\int_0^{\infty}\cos\frac{n\pi\beta_1}{h_{\mathrm{D}}}\exp\left(-\frac{r_{\mathrm{D}}^2}{4t}-\varepsilon_n^2 t\right)\right]\mathrm{d}t \tag{2.1.12}$$

根据关系式：

$$K_0(z)=\int_0^{\infty}\exp\left(-\frac{z^2}{4\xi}-\xi\right)\frac{\mathrm{d}\xi}{\xi} \tag{2.1.13}$$

其中

$$\xi=ut$$

式(2.1.12)可以化简为：

$$\sum_{n=-\infty}^{+\infty}\frac{\mathrm{e}^{-a_1\sqrt{u}}}{a_1}=\frac{1}{h_{\mathrm{D}}}\left[K_0(r_{\mathrm{D}}\sqrt{u})+2\sum_{n=1}^{+\infty}\cos\frac{n\pi\beta_1}{h_{\mathrm{D}}}K_0(r_{\mathrm{D}}\varepsilon_n)\right] \tag{2.1.14}$$

其中

$$\varepsilon_{\mathrm{n}}=\sqrt{\frac{(n\pi)^2}{h_{\mathrm{D}}^2}+u}$$

同理，式(2.1.9)右边第二项也可以写为：

$$\sum_{n=-\infty}^{+\infty}\frac{\mathrm{e}^{-a_2\sqrt{u}}}{a_2}=\frac{1}{h_{\mathrm{D}}}\left[K_0(r_{\mathrm{D}}\sqrt{u})+2\sum_{n=1}^{+\infty}\cos\frac{n\pi\beta_2}{h_{\mathrm{D}}}K_0(r_{\mathrm{D}}\varepsilon_n)\right] \tag{2.1.15}$$

根据三角函数关系表达式：

$$\cos\left[n\pi\frac{(z_{\mathrm{D}}-z_{\mathrm{wD}})}{h_{\mathrm{D}}}\right]=\cos\left(n\pi\frac{z_{\mathrm{D}}}{h_{\mathrm{D}}}\right)\cos\left(n\pi\frac{z_{\mathrm{wD}}}{h_{\mathrm{D}}}\right)+\sin\left(n\pi\frac{z_{\mathrm{D}}}{h_{\mathrm{D}}}\right)\sin\left(n\pi\frac{z_{\mathrm{wD}}}{h_{\mathrm{D}}}\right) \tag{2.1.16}$$

$$\cos\left[n\pi\frac{(z_{\mathrm{D}}+z_{\mathrm{wD}})}{h_{\mathrm{D}}}\right]=\cos\left(n\pi\frac{z_{\mathrm{D}}}{h_{\mathrm{D}}}\right)\cos\left(n\pi\frac{z_{\mathrm{wD}}}{h_{\mathrm{D}}}\right)-\sin\left(n\pi\frac{z_{\mathrm{D}}}{h_{\mathrm{D}}}\right)\sin\left(n\pi\frac{z_{\mathrm{wD}}}{h_{\mathrm{D}}}\right) \tag{2.1.17}$$

式(2.1.14)和式(2.1.15)相加得到无穷大外边界压降为：

$$\Delta\bar{p}=\frac{\tilde{q}\mu}{2\pi KL_{\mathrm{ref}}h_{\mathrm{D}}s}\left[K_0\sqrt{u}r_{\mathrm{D}})+2\sum_{n=1}^{+\infty}K_0(\varepsilon_n r_{\mathrm{D}})\cos n\pi\frac{z_{\mathrm{D}}}{h_{\mathrm{D}}}\cos n\pi\frac{z_{\mathrm{wD}}}{h_{\mathrm{D}}}\right] \tag{2.1.18}$$

圆形封闭和圆形定压外边界的压力降分别为：

(1) 圆形封闭外边界。

$$\Delta\bar{p} = \frac{\tilde{q}\mu}{2\pi KL_{\mathrm{ref}}h_{\mathrm{D}}s}\left[\begin{array}{l} K_0(\sqrt{u}r_{\mathrm{D}}) + \dfrac{K_1(\sqrt{u}r_{\mathrm{eD}})}{I_1(\sqrt{u}r_{\mathrm{eD}})}I_0(\sqrt{u}r_{\mathrm{D}}) + \\ 2\sum_{n=1}^{+\infty}\left[K_0(\varepsilon_n r_{\mathrm{D}}) + \dfrac{K_1(\varepsilon_n r_{\mathrm{eD}})}{I_1(\varepsilon_n r_{\mathrm{eD}})}I_0(\varepsilon_n r_{\mathrm{D}})\right]\cos n\pi\dfrac{z_{\mathrm{D}}}{h_{\mathrm{D}}}\cos n\pi\dfrac{z_{\mathrm{wD}}}{h_{\mathrm{D}}} \end{array}\right] \tag{2.1.19}$$

（2）圆形定压外边界。

$$\Delta\bar{p} = \frac{\tilde{q}\mu}{2\pi KL_{\mathrm{ref}}h_{\mathrm{D}}s}\left[\begin{array}{l} K_0(\sqrt{u}r_{\mathrm{D}}) - \dfrac{K_0(\sqrt{u}r_{\mathrm{eD}})}{I_0(\sqrt{u}r_{\mathrm{eD}})}I_0(\sqrt{u}r_{\mathrm{D}}) + \\ 2\sum_{n=1}^{+\infty}\left[K_0(\varepsilon_n r_{\mathrm{D}}) - \dfrac{K_0(\varepsilon_n r_{\mathrm{eD}})}{I_0(\varepsilon_n r_{\mathrm{eD}})}I_0(\varepsilon_n r_{\mathrm{D}})\right]\cos n\pi\dfrac{z_{\mathrm{D}}}{h_{\mathrm{D}}}\cos n\pi\dfrac{z_{\mathrm{wD}}}{h_{\mathrm{D}}} \end{array}\right] \tag{2.1.20}$$

2.2 盒状封闭油藏连续点源解

基于式(2.1.7)所给出的三维无限大空间连续点源解，对盒状封闭油藏点源各个方向进行镜像反映得到总压力降，其镜像示意图如图2.2.1所示。

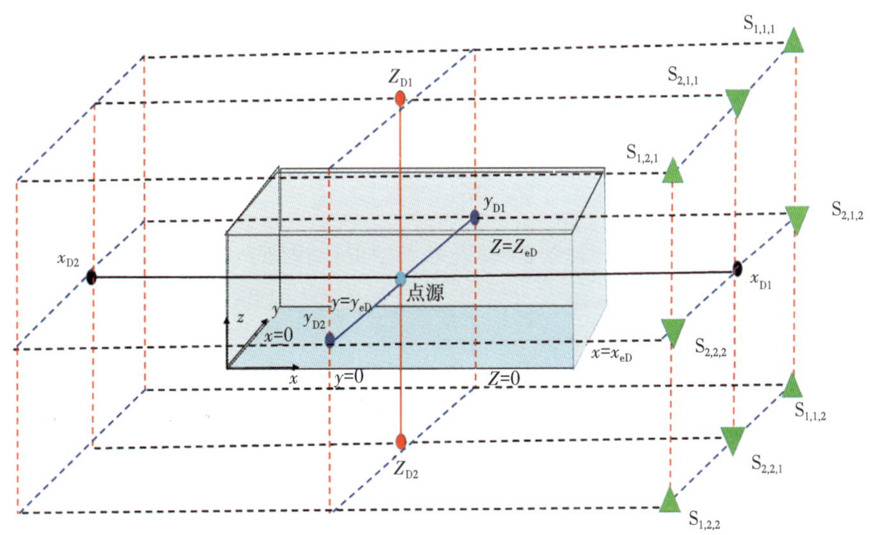

图2.2.1　盒状封闭点源叠加示意图

根据上述描述，盒状封闭油藏点源解可以写为：

$$TS = \sum_{k=-\infty}^{+\infty}\sum_{m=-\infty}^{+\infty}\sum_{n=-\infty}^{+\infty} S \tag{2.2.1}$$

其中

$$S=\frac{\exp\left[-\sqrt{u}\sqrt{(\hat{x}_{\mathrm{D}}-2kx_{\mathrm{eD}})^2+(\hat{y}_{\mathrm{D}}-2my_{\mathrm{eD}})^2+(\hat{z}_{\mathrm{D}}-2nh_{\mathrm{D}})^2}\right]}{\sqrt{(\hat{x}_{\mathrm{D}}-2kx_{\mathrm{eD}})^2+(\hat{y}_{\mathrm{D}}-2my_{\mathrm{eD}})^2+(\hat{z}_{\mathrm{D}}-2nh_{\mathrm{D}})^2}}$$

$$\hat{x}_{\mathrm{D}}=x_{\mathrm{D}}\pm x_{\mathrm{wD}}$$

$$\hat{y}_{\mathrm{D}}=y_{\mathrm{D}}\pm y_{\mathrm{wD}}$$

$$\hat{z}_{\mathrm{D}}=z_{\mathrm{D}}\pm \hat{z}_{\mathrm{wD}}$$

式中 x_e——矩形区域长度,cm;

y_e——矩形区域宽度,cm;

k,m,n——分别为 x、y 和 z 方向镜像井个数;

x_{eD}——无量纲矩形区域长度,$x_{eD}=x_e/L_{ref}$;

y_{eD}——无量纲矩形区域宽度,$y_{eD}=y_e/L_{ref}$。

将式(2.2.1)的三重级数求和写为双重级数求和的形式:

$$TS=\sum_{k=-\infty}^{+\infty}\sum_{m=-\infty}^{+\infty}\frac{1}{h_{\mathrm{D}}}\left[K_0(r_{\mathrm{D}}\sqrt{u})+2\sum_{n=1}^{+\infty}\cos\frac{n\pi\hat{z}_{\mathrm{D}}}{h_{\mathrm{D}}}K_0(r_{\mathrm{D}}\varepsilon_n)\right] \tag{2.2.2}$$

再将式(2.1.14)代入式(2.2.2)右边第一项,得到式(2.2.2)右边第一项可以写为如下形式:

$$\begin{aligned}K_0(r_{\mathrm{D}}\sqrt{u})&=\frac{1}{2}\int_0^{\infty}\exp\left(-\xi-\frac{r_{\mathrm{D}}^2u}{4\xi}\right)\frac{\mathrm{d}\xi}{\xi}\\&=\frac{1}{2}\int_0^{\infty}\exp(-\xi)\exp\left[-\frac{(\hat{x}_{\mathrm{D}}-2kx_{\mathrm{eD}})^2u}{4\xi}\right]\exp\left[-\frac{(\hat{y}_{\mathrm{D}}-2my_{\mathrm{eD}})^2}{4\xi}u\right]\frac{\mathrm{d}\xi}{\xi}\end{aligned} \tag{2.2.3}$$

同理,将式(2.1.14)代入式(2.2.2)右边第二项可以得到:

$$\begin{aligned}K_0(r_{\mathrm{D}}\varepsilon_n)&=\frac{1}{2}\int_0^{\infty}\exp\left(-\xi-\frac{r_{\mathrm{D}}^2\varepsilon_n^2}{4\xi}\right)\frac{\mathrm{d}\xi}{\xi}\\&=\frac{1}{2}\int_0^{\infty}\exp(-\xi)\exp\left[-\frac{(\hat{x}_{\mathrm{D}}-2kx_{\mathrm{eD}})^2\varepsilon_n^2}{4\xi}\right]\exp\left[-\frac{(\hat{y}_{\mathrm{D}}-2my_{\mathrm{eD}})^2\varepsilon_n^2}{4\xi}\right]\frac{\mathrm{d}\xi}{\xi}\end{aligned} \tag{2.2.4}$$

将式(2.2.3)和式(2.2.4)代入式(2.2.2)得到:

$$TS=\frac{1}{2h_{\mathrm{D}}}\left\{\begin{aligned}&\int_0^{\infty}\exp(-\xi)\times\sum_{k=-\infty}^{+\infty}\exp\left[-\frac{(\hat{x}_{\mathrm{D}}-2kx_{\mathrm{eD}})^2u}{4\xi}\right]\sum_{m=-\infty}^{+\infty}\exp\left[-\frac{(\hat{y}_{\mathrm{D}}-2my_{\mathrm{eD}})^2u}{}\right]\frac{\mathrm{d}\xi}{\xi}\\&+2\sum_{n=1}^{+\infty}\cos\frac{n\pi\hat{z}_{\mathrm{D}}}{h_{\mathrm{D}}}\int_0^{\infty}\exp(-\xi)\sum_{k=-\infty}^{+\infty}\exp\left[-\frac{(\hat{x}_{\mathrm{D}}-2kx_{\mathrm{eD}})^2\varepsilon_n^2}{4\xi}\right]\sum_{m=-\infty}^{+\infty}\exp\left[-\frac{(\hat{y}_{\mathrm{D}}-2my_{\mathrm{eD}})^2\varepsilon_n^2}{4\xi}\right]\frac{\mathrm{d}\xi}{\xi}\end{aligned}\right\} \tag{2.2.5}$$

再次利用 Poisson 求和公式可以对式(2.2.5)进行分项求解:

第一项：

$$TS1=\frac{\pi\sqrt{\xi}}{x_{eD}\sqrt{u}}\left\{1+2\sum_{k=1}^{\infty}\exp\left[-\frac{(k\pi)^2\xi}{ux_{eD}^2}\right]\cos\left(k\pi\frac{\hat{x}_D}{x_{eD}}\right)\right\} \tag{2.2.6}$$

第二项：

$$TS2=\frac{\sqrt{\pi\xi}}{y_{eD}\sqrt{u}}\left\{1+2\sum_{k=1}^{\infty}\exp\left[-\frac{(m\pi)^2\xi}{uy_{eD}^2}\right]\cos\left(m\pi\frac{\hat{y}_D}{x_{eD}}\right)\right\} \tag{2.2.7}$$

第三项：

$$TS3=\frac{\sqrt{\pi\xi}}{x_{eD}\varepsilon_n}\left\{1+2\sum_{k=1}^{\infty}\exp\left[-\frac{(k\pi)^2\xi}{\varepsilon_n^2x_{eD}^2}\right]\cos\left(k\pi\frac{\hat{x}_D}{x_{eD}}\right)\right\} \tag{2.2.8}$$

第四项：

$$TS4=\frac{\sqrt{\pi\xi}}{y_{eD}\varepsilon_n}\left\{1+2\sum_{k=1}^{\infty}\exp\left[-\frac{(m\pi)^2\xi}{\varepsilon_n^2y_{eD}^2}\right]\cos\left(m\pi\frac{\hat{y}_D}{x_{eD}}\right)\right\} \tag{2.2.9}$$

将式(2.2.6)和式(2.2.7)代入(2.2.5)得到右边第一项的结果为：

$$G1=TS1\times TS2=\frac{\pi}{2h_Dx_{eD}y_{eD}u}\left\{\begin{aligned}&1+2\sum_{k=1}^{\infty}\frac{u}{\varepsilon_k^2}\cos\left(k\pi\frac{\hat{x}_D}{x_{eD}}\right)+2\sum_{m=1}^{\infty}\frac{u}{\varepsilon_m^2}\cos\left(m\pi\frac{\hat{y}_D}{y_{eD}}\right)\\&+4\sum_{k=1}^{\infty}\sum_{m=1}^{\infty}\left[1+\frac{(m\pi)^2}{uy_{eD}^2}+\frac{(k\pi)^2}{ux_{eD}^2}\right]^{-1}\cos\left(m\pi\frac{\hat{y}_D}{y_{eD}}\right)\cos\left(k\pi\frac{\hat{x}_D}{x_{eD}}\right)\end{aligned}\right\} \tag{2.2.10}$$

再根据关系式：

$$\sum_{k=1}^{\infty}\frac{\cos k\pi x}{k^2+a^2}=\frac{\pi}{2a}\frac{\cosh[a\pi(1-x)]}{\sinh(a\pi)}-\frac{1}{2a^2} \tag{2.2.11}$$

式(2.2.10)右边第二项可以简化为：

$$\sum_{k=1}^{\infty}\frac{u}{\varepsilon_k^2}\cos\left(k\pi\frac{\hat{x}_D}{x_{eD}}\right)=\frac{ux_{eD}^2}{\pi^2}\sum_{k=1}^{\infty}\frac{1}{\frac{ux_{eD}^2}{\pi^2}+k^2}\cos\left(k\pi\frac{\hat{x}_D}{x_{eD}}\right)=\frac{\sqrt{u}x_{eD}}{2}\frac{\cosh[\sqrt{u}(x_{eD}-|\hat{x}_D|)]}{\sinh(\sqrt{u}x_{eD})}-\frac{1}{2} \tag{2.2.12}$$

同理，式(2.2.10)右边第三、第四项分别为：

$$\sum_{m=1}^{\infty}\frac{u}{\varepsilon_m^2}\cos\left(m\pi\frac{\hat{y}_D}{y_{eD}}\right)=\frac{uy_{eD}^2}{\pi^2}\sum_{k=1}^{\infty}\frac{1}{\frac{uy_{eD}^2}{\pi^2}+m^2}\cos\left(m\pi\frac{\hat{y}_D}{y_{eD}}\right)=\frac{\sqrt{u}y_{eD}}{2}\frac{\cosh[\sqrt{u}(y_{eD}-|\hat{y}_D|)]}{\sinh(\sqrt{u}y_{eD})}-\frac{1}{2} \tag{2.2.13}$$

$$\sum_{k=1}^{\infty}\sum_{m=1}^{\infty}\left[1+\frac{(m\pi)^2}{uy_{eD}^2}+\frac{(k\pi)^2}{ux_{eD}^2}\right]^{-1}\cos\left(k\pi\frac{\hat{x}_D}{x_{eD}}\right)\cos\left(m\pi\frac{\hat{y}_D}{y_{eD}}\right)$$

$$=\frac{uy_{eD}^2}{\pi^2}\sum_{k=1}^{\infty}\left\{\frac{\pi^2}{2y_{eD}\varepsilon_k}\frac{\cosh[\varepsilon_k(y_{eD}-|\hat{y}_D|)]}{\sinh(\varepsilon_k y_{eD})}-\frac{1}{2\left[\frac{uy_{eD}^2}{\pi^2}+\frac{(ky_{eD})^2}{x_{eD}^2}\right]}\right\}\cos\left(k\pi\frac{\hat{x}_D}{x_{eD}}\right) \tag{2.2.14}$$

将式(2.2.12)至式(2.2.14)代入式(2.2.10)得到：

$$G1=\left\{\begin{array}{l}\sqrt{u}x_{eD}\dfrac{\cosh[\sqrt{u}(x_{eD}-|x'_D|)]}{\sinh(\sqrt{u}x_{eD})}+\sqrt{u}y_{eD}\dfrac{\cosh[\sqrt{u}(y_{eD}-|y'_D|)]}{\sinh(\sqrt{u}y_{eD})}-1\\ +2\displaystyle\sum_{k=1}^{\infty}\frac{uy_{eD}}{\varepsilon_k}\frac{\cosh[\varepsilon_k(y_{eD}-|y'_D|)]}{\sinh(\varepsilon_k y_{eD})}\cos\left(k\pi\frac{x'_D}{x_{eD}}\right)-\frac{2uy_{eD}^2}{\pi^2}\sum_{k=1}^{\infty}\frac{1}{\frac{uy_{eD}^2}{\pi^2}+\frac{(ky_{eD})^2}{x_{eD}^2}}\cos\left(k\pi\frac{x'_D}{x_{eD}}\right)\end{array}\right\} \tag{2.2.15}$$

将式(2.2.15)的最后一项转化为：

$$\frac{2ux_{eD}^2}{\pi^2}\sum_{k=1}^{\infty}\frac{1}{\frac{ux_{eD}^2}{\pi^2}+k^2}\cos\left(k\pi\frac{\hat{x}_D}{x_{eD}}\right)=\sqrt{u}x_{eD}\frac{\cosh[\sqrt{u}(x_{eD}-|\hat{x}_D|)]}{\sinh(\sqrt{u}x_{eD})}-1 \tag{2.2.16}$$

则式(2.2.15)可以简化为：

$$G1=\frac{\pi}{2h_D x_{eD}}\left\{\frac{\cosh[\sqrt{u}(y_{eD}-|\hat{y}_D|)]}{\sqrt{u}\sinh(\sqrt{u}y_{eD})}+2\sum_{k=1}^{\infty}\frac{1}{\varepsilon_k}\frac{\cosh[\varepsilon_k(y_{eD}-|\hat{y}_D|)]}{\sinh(\varepsilon_k y_{eD})}\cos\left(k\pi\frac{\hat{x}_D}{x_{eD}}\right)\right\} \tag{2.2.17}$$

同理，将式(2.2.8)、式(2.2.9)代入式(2.2.5)得到右边第二项的结果为：

$$G2\frac{\pi}{2h_D x_{eD}}\left(2\sum_{n=1}^{\infty}\cos\left(n\pi\frac{\hat{z}_D}{h_D}\right)\left\{\frac{\cosh[\varepsilon_n(y_{eD}-|\hat{y}_D|)]}{\varepsilon_n\sinh(\varepsilon_n y_{eD})}+\right.\right.$$

$$\left.\left.2\sum_{k=1}^{\infty}\frac{1}{\varepsilon_{n,k}}\frac{\cosh[\varepsilon_{n,k}(y_{eD}-|\hat{y}_D|)]}{\sinh(\varepsilon_{n,k}y_{eD})}\cos\left(k\pi\frac{\hat{x}_D}{x_{eD}}\right)\right\}\right) \tag{2.2.18}$$

最后将式(2.2.17)和式(2.2.18)相加得到：

$$TS = G1 + G2 = \frac{\pi}{2h_D x_{eD}}\left\{\begin{aligned}&\frac{\cosh[\sqrt{u}(y_{eD}-|\hat{y}_D|)]}{\sqrt{u}\sinh(\sqrt{u}y_{eD})}+2\sum_{k=1}^{\infty}\frac{1}{\varepsilon_k}\frac{\cosh[\varepsilon_k(y_{eD}-|\hat{y}_D|)]}{\sinh(\varepsilon_k y_{eD})}\cos(k\pi\frac{\hat{x}_D}{x_{eD}})\\&+2\sum_{n=1}^{\infty}\cos\left(n\pi\frac{\hat{x}_D}{h_D}\right)\left[\frac{\cosh[\varepsilon_n(y_{eD}-|\hat{y}_D|)]}{\varepsilon_n\sinh(\varepsilon_n y_{eD})}\right.\\&\left.+2\sum_{k=1}^{\infty}\frac{1}{\varepsilon_{n,k}}\frac{\cosh[\varepsilon_{n,k}(y_{eD}-|\hat{y}_D|)]}{\sinh(\varepsilon_{n,k}y_{eD})}\cos\left(k\pi\frac{\hat{x}_D}{x_{eD}}\right)\right]\end{aligned}\right\}$$

(2.2.19)

盒状封闭油藏的点源解重写为如下形式：

$$S_{i,j,l} = \frac{\exp\left[-\sqrt{u}\sqrt{(\hat{x}_D-2kx_{eD})^2+(\hat{y}_D-2my_{eD})^2+(\hat{z}_D-2nh_D)^2}\right]}{\sqrt{(\hat{x}_D-2kx_{eD})^2+(\hat{y}_D-2my_{eD})^2+(\hat{z}_D-2nh_D)^2}} \tag{2.2.20}$$

其中 $S_{i,j,l}$代表每一个独立的井在不同边界反应所产生的压力分布，i,j,l 等于 1 或 2，通过点源解和镜像原理得到井底压力解为：

$$\Delta\bar{p} = \frac{\tilde{q}\mu}{4\pi kL_{ref}s}\sum_{k=-\infty}^{+\infty}\sum_{m=-\infty}^{+\infty}\sum_{n=-\infty}^{+\infty}(S_{111}+S_{112}+S_{121}+S_{122}+S_{211}+S_{212}+S_{221}+S_{222})$$

(2.2.21)

将式(2.2.19)代入(2.2.21)得到：

$$\Delta\bar{p} = \frac{\tilde{q}\mu}{kL_{ref}h_D x_{eD}s}\left\{\begin{aligned}&\left\{\frac{\cosh[\sqrt{u}(y_{eD}-|y_{D1}|)]+\cosh[\sqrt{u}(y_{eD}-|y_{D2}|)]}{\sqrt{u}\sinh(\sqrt{u}y_{eD})}\right\}\\&+2\sum_{k=1}^{+\infty}\cos\left(\frac{k\pi x_D}{x_{eD}}\right)\cos\left(\frac{k\pi x_{wD}}{x_{eD}}\right)\times\\&\left\{\frac{\cosh[\varepsilon_k(y_{eD}-|y_{D1}|)]+\cosh[\varepsilon_k(y_{eD}-|y_{D2}|)]}{\varepsilon_k\sinh(\varepsilon_k y_{eD})}\right\}\\&+2\sum_{n=1}^{+\infty}\cos\frac{n\pi z_D}{h_D}\cos\frac{n\pi Z_{wD}}{h_D}\left[\begin{aligned}&\left(\frac{\cosh[\varepsilon_n(y_{eD}-|y_{D1}|)]+\cosh[\varepsilon_n(y_{eD}-|y_{D2}|)]}{\varepsilon_n\sinh(\varepsilon_n y_{eD})}\right)\\&+2\sum_{k=1}^{+\infty}\cos\left(\frac{k\pi x_D}{x_{eD}}\right)\cos\left(\frac{k\pi x_{wD}}{x_{eD}}\right)\\&\times\left(\frac{\cosh[\varepsilon_{n,k}(y_{eD}-|y_{D1}|)]+\cosh[\varepsilon_{n,k}(y_{eD}-|y_{D2}|)]}{\varepsilon_{n,k}\sinh(\varepsilon_{n,k}y_{eD})}\right)\end{aligned}\right]\end{aligned}\right\}$$

(2.2.22)

其中

$$\varepsilon_n = \sqrt{u+\frac{n^2\pi^2}{h_D^2}},(n=0,1,2,3\cdots)$$

$$\varepsilon_k=\sqrt{u+\frac{k^2\pi^2}{x_{eD}^2}},(k=0,1,2,3\cdots)$$

$$\varepsilon_{n,k}=\sqrt{u+\frac{k^2\pi^2}{x_{eD}^2}+\frac{n^2\pi^2}{h_D^2}},(k=0,1,2,3\cdots;n=0,1,2,3\cdots)$$

$$x_{D1}=x_D+x_{wD},x_{D2}=x_D-x_{wD}$$

$$y_{D1}=y_D+y_{wD},y_{D2}=y_D-y_{wD}$$

$$z_{D1}=z_D+z_{wD},z_{D2}=z_D-z_{wD}$$

3 直井压裂井对称缝试井模型研究

随着油气田勘探开发的不断深入，已发现的不同类型复杂油气藏越来越多，单纯依靠直井不能提高油气井产量。因此，在实际生产过程中对直井进行压裂从而获得更高的单井产量。

为了分析直井压裂井不稳定渗流规律，本章内容是在第 2 章点源解的基础上，分别建立柱状油藏和盒状封闭油藏有限导流直井压裂井对称裂缝试井数学模型，通过 Laplace 积分变换、压降叠加原理和 Fourier 余弦积分变换等数学方法获得 Laplace 空间解析解。结合 Stehfest 数值反演，获得实空间下井底压力并绘制井底压力和压力导数特征曲线，根据压力导数曲线特征划分渗流阶段，将计算得到的结果与商业软件 Saphir 软件进行对比，验证模型的准确性。

3.1 物理模型及基本假设条件

3.1.1 柱状油藏

由于储层中的流体沿裂缝面流入裂缝时，沿裂缝方向不同位置处流量不相等。因此，需要分别建立裂缝与储层压裂井数学模型并分别求得各模型解析解，通过耦合储层模型解与裂缝模型解得到有限导流直井压裂井井底压力解。有限导流直井压裂井物理模型示意图如图 3.1.1 所示。建立直井压裂井试井模型需要以下假设条件：

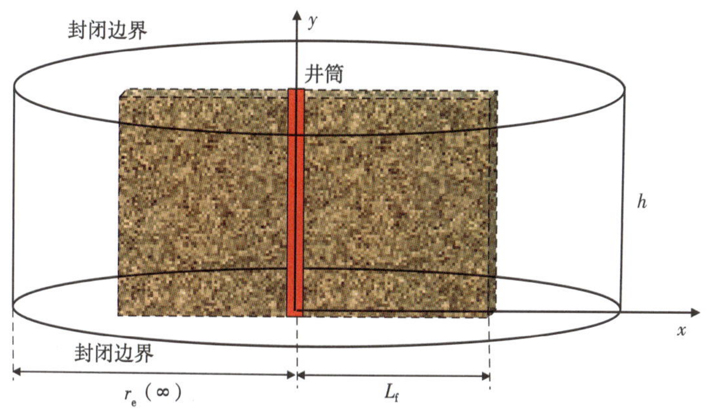

图 3.1.1　柱状油藏直井压裂井模型示意图

(1)顶底封闭、水平为无限大和圆形边界储层中心位置中心有一直井压裂井；

(2)流体在裂缝中的流动存在压降,水力压裂裂缝渗透率为 K_f；

(3)水力压裂裂缝宽度用符号 W_f 表示,裂缝半长用符号 L_f 表示,水力压裂裂缝高度与储层厚度相等；

(4)不考虑毛细管压力和重力的影响；

(5)储层流体微可压缩且为单相流,流体在储层中的流动满足达西渗流规律；

(6)流体首先从储层流入压裂裂缝,再沿裂缝流入井筒；

(7)测试井以定产量进行生产。

3.1.2 盒状封闭油藏

盒状封闭油藏有限导流直井压裂井模型二维示意图如图 3.1.2 所示。基本假设条件与柱状油藏相同,不同的是该油藏为盒状封闭油藏,矩形封闭边界长和宽分别为 x_e 和 y_e,以矩形油藏的左下角为坐标原点建立平面直角坐标系。

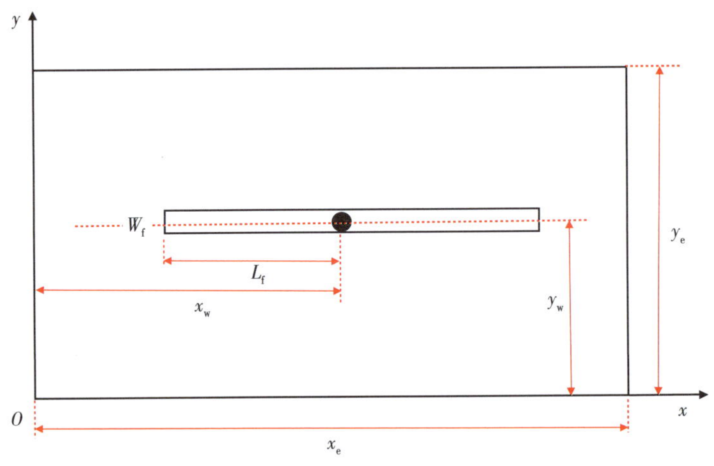

图 3.1.2 盒状封闭油藏直井压裂井模型二维示意图

3.2 储层数学模型解

3.2.1 柱状油藏储层数学模型的建立与求解

对于有限导流直井压裂井而言,流体在裂缝中的流动存在压力降,要获得有限导流垂直裂缝模型解,首先,建立并求解柱状油藏无限导流垂直裂缝储层数学模型;其次,建立并求解压裂裂缝数学模型;最后,耦合储层模型和压裂裂缝模型获得有限导流垂直裂缝井井底压力解。

通过对连续点源函数解沿 z 方向从 0 到 h 积分得到均匀流量线源解,再沿 x 方向从 x_w-

L_f 到 x_w+L_f 积分得到均匀流量面源解。

无限大外边界均匀流量面源解为：

$$\Delta\bar{p} = \frac{\tilde{q}\mu}{2\pi KL_{ref}h_D s}\int_0^h\int_{-L_f}^{L_f}\left[K_0(\sqrt{u}r_D) + 2\sum_{n=1}^{+\infty}K_0(\varepsilon_n r_D)\cos n\pi\frac{z_D}{h_D}\cos n\pi\frac{z_{wD}}{h_D}\right]\mathrm{d}z\mathrm{d}x \quad (3.2.1)$$

圆形封闭边界均匀流量面源解为：

$$\Delta\bar{p} = \frac{\tilde{q}\mu}{2\pi KL_{ref}h_D s}\int_0^h\int_{L_f}^{L_f}\left[\begin{array}{l} K_0(\sqrt{u}r_D) + \dfrac{K_1(\sqrt{u}r_{eD})}{I_1(\sqrt{u}r_{eD})}I_0(\sqrt{u}r_D) + \\ 2\sum\limits_{n=1}^{+\infty}\left\{\begin{array}{l}\left[K_0(\varepsilon_n r_D) + \dfrac{K_1(\varepsilon_n r_{eD})}{I_1(\varepsilon_n r_{eD})}I_0(\varepsilon_n r_D)\right]\times \\ \cos n\pi\dfrac{z_D}{h_D}\cos n\pi\dfrac{z_{wD}}{h_D}\end{array}\right\}\end{array}\right]\mathrm{d}z\mathrm{d}x \quad (3.2.2)$$

圆形定压边界均匀流量面源解为：

$$\Delta\bar{p} = \frac{\tilde{q}\mu}{2\pi KL_{ref}h_D s}\int_0^h\int_{-L_f}^{L_f}\left(\begin{array}{l} K_0(\sqrt{u}r_D) - \dfrac{K_0(\sqrt{u}r_{eD})}{I_0(\sqrt{u}r_{eD})}I_0(\sqrt{u}r_D) + \\ 2\sum\limits_{n=1}^{+\infty}\left\{\begin{array}{l}\left[K_0(\varepsilon_n r_D) + \dfrac{K_0(\varepsilon_n r_{eD})}{I_0(\varepsilon_n r_{eD})}I_0(\varepsilon_n r_D)\right]\times \\ \cos n\pi\dfrac{z_D}{h_D}\cos n\pi\dfrac{z_{wD}}{h_D}\end{array}\right\}\end{array}\right)\mathrm{d}z\mathrm{d}x \quad (3.2.3)$$

对于直井压裂井对称缝,有如下关系：

$$q_D = \frac{2L_f\tilde{q}}{q_{sc}} \quad (3.2.4)$$

对式(3.2.1)至(3.2.3)进行无量纲化得到不同外边界条件下的无量纲均匀流量面源解。

无限大边界：

$$s\bar{p}_D = \frac{1}{2L_{fD}}\int_{-L_{fD}}^{L_{fD}}\bar{q}_D K_0\left[\sqrt{u}\sqrt{(x_D-\alpha)^2+(y_D-y_{wD})^2}\right]\mathrm{d}\alpha \quad (3.2.5)$$

圆形封闭边界：

$$s\bar{p}_D = \frac{q_D}{2L_{fD}}\int_{-L_{fD}}^{L_{fD}}\left\{\begin{array}{l}K_0\left[\sqrt{u}\sqrt{(x_D-\alpha)^2+(y_D-y_{wD})^2}\right] \\ + \dfrac{K_1(\sqrt{u}r_{eD})}{I_1(\sqrt{u}r_{eD})}I_0\left[\sqrt{u}\sqrt{(x_D-\alpha)^2+(y_D-y_{wD})^2}\right]\end{array}\right\}\mathrm{d}\alpha \quad (3.2.6)$$

圆形定压边界：

$$s\bar{p}_D = \frac{q_D}{2L_{fD}} \int_{-L_{fD}}^{L_{fD}} \left\{ \begin{aligned} & K_0\left[\sqrt{u}\sqrt{(x_D - \alpha)^2 + (y_D - y_{wD})^2}\right] \\ & - \frac{K_0(\sqrt{u}\, r_{eD})}{I_0(\sqrt{u}\, r_{eD})} I_0\left[\sqrt{u}\sqrt{(x_D - \alpha)^2 + (y_D - y_{wD})^2}\right] \end{aligned} \right\} d\alpha \tag{3.2.7}$$

如果取 $q_D=1, y_D=y_{wD}, x_D=0.732$,就可以获得无限导流直井压裂井井底压力解析解。

3.2.2 盒状封闭油藏储层数学模型的建立与求解

基于同样的方法,对盒状油藏点源函数解首先沿 z 方向从 0 到 h 积分得到其线源解,再沿 x 方向从 L_f 到 L_f 积分得到无限导流垂直裂缝面源解,盒状油藏无量纲均匀流量面源解为:

$$\begin{aligned} s\bar{p}_D = & \frac{\pi}{x_{eD}} \left\{ \frac{\cosh[\sqrt{u}(y_{eD} - |y_{D1}|)] + \cosh[\sqrt{u}(y_{eD} - |y_{D2}|)]}{\sqrt{u}\sinh(\sqrt{u}\, y_{eD})} \right\} \\ & + \frac{2}{L_{fD}} \sum_{k=1}^{+\infty} \left\{ \begin{aligned} & \frac{\cosh[\varepsilon_k(y_{eD} - |y_{D1}|)] + \cosh[\varepsilon_k(y_{eD} - |y_{D2}|)]}{\varepsilon_k \sinh(\varepsilon_k y_{eD})} \times \\ & \frac{1}{k}\sin\left(\frac{k\pi L_{fD}}{x_{eD}}\right)\cos\left(\frac{k\pi x_D}{x_{eD}}\right)\cos\left(\frac{k\pi x_{wD}}{x_{eD}}\right) \end{aligned} \right\} \end{aligned} \tag{3.2.8}$$

3.3 考虑应力敏感影响时储层数学模型解

对于低渗透致密油藏而言,储层流体被开采过程中,储层孔隙结构被压缩发生结构变形,根据相关学者研究,考虑储层应力敏感影响时储层渗透率与地层压力存在以下关系[29]。

$$K = K_e e^{-\gamma(p_e - p)} \tag{3.3.1}$$

式中 K——目前地层压力下储层渗透率,D;

p_e——原始状态下地层压力,atm;

K_e——原始状态下储层渗透率,D;

γ——储层渗透率应力敏感系数,atm^{-1}。

基于摄动变换技术,通过对渗流微分方程进行摄动变换,取摄动变换零阶解得到考虑渗透率应力敏感影响时储层均匀流量面源解。

引入 Pedrosa 代换:

$$p_D = -\frac{1}{\gamma_D}\ln(1 - \gamma_D \xi_D) \tag{3.3.2}$$

取其零阶解,得到考虑应力敏感影响时不同外边界储层模型解。

无限大边界:

$$s\bar{\xi}_{\mathrm{D0}}=\frac{1}{2L_{\mathrm{fD}}}\bar{q}_{\mathrm{D}}\int_{-L_{\mathrm{fD}}}^{L_{\mathrm{fD}}}K_0\left[\sqrt{u}\sqrt{(x_{\mathrm{D}}-\alpha)^2+(y_{\mathrm{D}}-y_{\mathrm{wD}})}\right]\mathrm{d}\alpha \tag{3.3.3}$$

圆形封闭边界：

$$s\bar{\xi}_{\mathrm{D0}}=\frac{q_{\mathrm{D}}}{2L_{\mathrm{fD}}}\int_{-L_{\mathrm{fD}}}^{L_{\mathrm{fD}}}\left\{\begin{aligned}&K_0\left[\sqrt{u}\sqrt{(x_{\mathrm{D}}-\alpha)^2+(y_{\mathrm{D}}-y_{\mathrm{wD}})^2}\right]+\\&\frac{K_1(\sqrt{u}r_{\mathrm{eD}})}{I_1(\sqrt{u}r_{\mathrm{eD}})}I_0\left[\sqrt{u}\sqrt{(x_{\mathrm{D}}-\alpha)^2+(y_{\mathrm{D}}-y_{\mathrm{wD}})^2}\right]\end{aligned}\right\}\mathrm{d}\alpha \tag{3.3.4}$$

圆形定压边界：

$$s\bar{\xi}_{\mathrm{D0}}=\frac{q_{\mathrm{D}}}{2L_{\mathrm{fD}}}\int_{-L_{\mathrm{fD}}}^{L_{\mathrm{fD}}}\left\{\begin{aligned}&K_0\left[\sqrt{u}\sqrt{(x_{\mathrm{D}}-\alpha)^2+(y_{\mathrm{D}}-y_{\mathrm{wD}})^2}\right]-\\&\frac{K_0(\sqrt{u}r_{\mathrm{eD}})}{I_0(\sqrt{u}r_{\mathrm{eD}})}I_0\left[\sqrt{u}\sqrt{(x_{\mathrm{D}}-\alpha)^2+(y_{\mathrm{D}}-y_{\mathrm{wD}})^2}\right]\end{aligned}\right\}\mathrm{d}\alpha \tag{3.3.5}$$

3.4 考虑启动压力梯度影响时储层数学模型解

考虑启动压力梯度时，低速非达西渗流运动方程为：

$$v=\begin{cases}-\dfrac{K}{\mu}\left(\dfrac{\partial p}{\partial r}-\lambda_{\mathrm{B}}\right) & \dfrac{\partial p}{\partial r}>\lambda_{\mathrm{B}}\\[2ex] 0 & \dfrac{\partial p}{\partial r}\leqslant\lambda_{\mathrm{B}}\end{cases} \tag{3.4.1}$$

根据相关文献[30,31]，得到 Laplace 空间考虑启动压力梯度影响的垂直线源无量纲渗流微分方程为：

$$\frac{1}{r_{\mathrm{D}}}\frac{\partial}{\partial r_{\mathrm{D}}}\left(r_{\mathrm{D}}\frac{\partial\bar{p}_{\mathrm{fD}}}{\partial r_{\mathrm{D}}}\right)+\frac{\lambda_{\mathrm{BD}}}{sr_{\mathrm{D}}}=u\bar{p}_{\mathrm{D}} \tag{3.4.2}$$

其中

$$u=\begin{cases}s\\[1ex] \dfrac{\lambda+s\omega(1-\omega)}{\lambda+s(1-\omega)}s\end{cases}$$

定产量生产时，内边界条件为：

$$\lim_{\varepsilon_{\mathrm{D}}\to 0}r_{\mathrm{D}}\left(\frac{\mathrm{d}\bar{\Psi}_{\mathrm{D}}}{\mathrm{d}r_{\mathrm{D}}}+\frac{\lambda_{\mathrm{BD}}}{s}\right)=-\bar{q}_{\mathrm{D}} \tag{3.4.3}$$

(1) 当无量纲启动压力梯度 $\lambda_{\mathrm{BD}}=0$ 时，渗流微分方程和内边界条件则可以简化为：

$$\frac{1}{r_{\rm D}}\frac{\partial}{\partial r_{\rm D}}\left(r_{\rm D}\frac{\partial \bar{p}_{\rm fD}}{\partial r_{\rm D}}\right)=u\,\bar{p}_{\rm D} \tag{3.4.4}$$

$$\lim_{\varepsilon_{\rm D}\to 0} r_{\rm D}\left(\frac{{\rm d}\bar{\Psi}_{\rm D}}{{\rm d}r_{\rm D}}\right)=-\bar{q}_{\rm D} \tag{3.4.5}$$

式(3.4.4)和式(3.4.5)共同构成不考虑启动压力梯度影响的无量纲渗流微分方程和边界条件,结合内外边界条件以及贝塞尔函数的通解,得到式(3.4.4)的通解为:

$$\bar{p}_{\rm D}=\bar{q}_{\rm D}G_0(r_{\rm D},s) \tag{3.4.6}$$

其中

$$G_0(r_{\rm D},u)=K_0(r_{\rm D}\sqrt{u})+B_{\rm out}I_0(r_{\rm D}\sqrt{u})$$

(2)当无量纲启动压力梯度 $\lambda_{\rm BD}\neq 0$ 时,渗流微分方程为非齐次渗流微分方程,特解可以采用 Green 函数表示:

$$\bar{p}_{\rm D}=\bar{q}_{\rm D}G_0(r_{\rm D},s)+\int_0^{\infty}F(r_{\rm D},\iota)\,{\rm d}\iota \tag{3.4.7}$$

其中

$$F(r_{\rm D},\iota)=\begin{cases}\dfrac{\lambda_{\rm BD}}{s}K_0(r_{\rm D}\sqrt{u})I_0(\iota\sqrt{u}) & (0<\iota<r_{\rm D})\\[2ex] \dfrac{\lambda_{\rm BD}}{s}K_0(\iota\sqrt{u})I_0(r_{\rm D}\sqrt{u}) & (r_{\rm D}<\iota<\infty)\end{cases}$$

$$r_{\rm D}=\sqrt{(x_{\rm D}-x_{\rm wD})^2+(y_{\rm D}-y_{\rm wD})^2}$$

通过对式(3.4.7)关于 $x_{\rm D}$ 沿 x 方向从 $x_{\rm wD}-1$ 到 $x_{\rm wD}+1$ 积分,得到均匀流量面源解为:

$$\bar{p}_{\rm D}=\bar{q}_{\rm D}\int_{-1}^{1}G_0(r_{\rm D},s)\,{\rm d}\alpha+\int_0^{\infty}\int_{-1}^{1}F(r_{\rm D},\iota)\,{\rm d}\iota{\rm d}\alpha \tag{3.4.8}$$

其中

$$r_{\rm D}=\sqrt{(x_{\rm D}-\alpha)^2+(y_{\rm D}-y_{\rm wD})^2}$$

对于直井压裂井对称缝而言,根据 Gringarten 等人的研究,取 $x_{\rm D}=0.723$,$y_{\rm D}=y_{\rm wD}$,$\bar{q}_{\rm D}=\dfrac{1}{2s}$。因此,直井压裂井对称缝无限导流井底压力解为:

$$s\bar{p}_{\rm D}=\frac{1}{2}\int_{-1}^{1}G_0(r_{\rm D},s)\,{\rm d}\alpha+\int_0^{\infty}\int_{-1}^{1}F(r_{\rm D},\iota)\,{\rm d}\iota{\rm d}\alpha \tag{3.4.9}$$

3.5　有限导流直井压裂井井底压力解

3.5.1　水力压裂裂缝数学模型的建立与求解

对于一个有限导流垂直裂缝来讲，当裂缝的无量纲导流能力很小时，可以认为裂缝的导流能力不变而把裂缝长度想象成无限大；对于无限导流垂直裂缝而言，可以认为无量纲裂缝导流能力趋向于无限大，在这个过程中认为裂缝长度不变而裂缝导流能力无限大。当裂缝的导流能力很小时，裂缝线性流阶段很难被观察，但是对于无限导流垂直裂缝而言，早期双线性流阶段不出现，只有当裂缝导流能力适中时整个阶段的特征才会更明显。

在早期，压力波没有传播到裂缝末端，因此，该时刻的解和导流能力很低时的解相同，因为裂缝导流能力很低时渗流直接进入径向流而不反映线性流特征，所以无量纲裂缝导流能力很低时与无限导流裂缝的解不匹配。为了和早期解匹配，可以假设裂缝位于一个带有边界的油藏中并且宽度和裂缝相等，用 Fourier 变换求取大时间段和小时间段的解，为了匹配无限导流和小导流能力的早期裂缝解，根据 van 的渐进解匹配方法。示意图如图 3.5.1 所示。

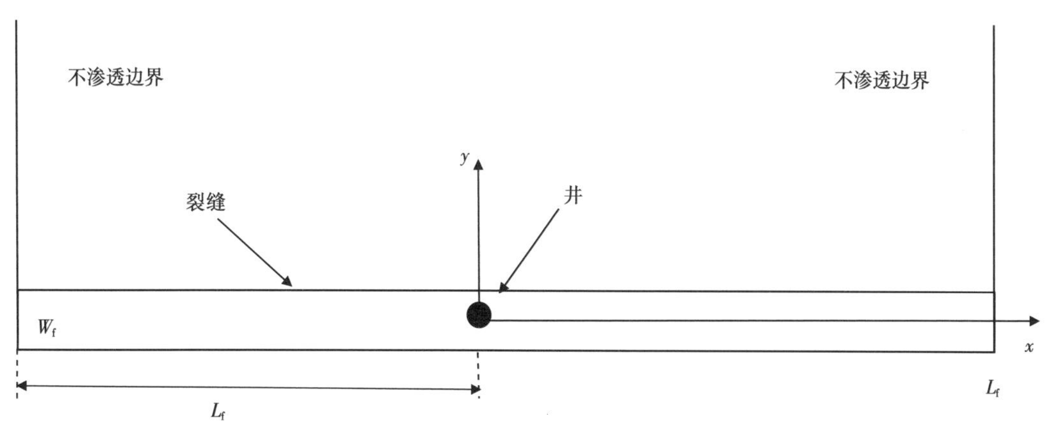

图 3.5.1　带边界裂缝模型二维示意图

流体在油藏中的流动可以用以下方程描述：

$$\frac{K}{\mu}\frac{\partial^2 p}{\partial x^2}+\frac{K}{\mu}\frac{\partial^2 p}{\partial y^2}=\phi C_t\frac{\partial p}{\partial t}\quad 0<x<L_f\quad 0<y<\infty \tag{3.5.1}$$

$$\frac{K}{\mu}\frac{\partial p(x,y,t)}{\partial x}\bigg|_{x=0}=0\quad \frac{K}{\mu}\frac{\partial p(x,y,t)}{\partial x}\bigg|_{x=L_f}=0 \tag{3.5.2}$$

$$p(x,y,t)\big|_{x\to\infty}=p_e\quad p(x,y,t)\big|_{y\to 0}=p_f \tag{3.5.3}$$

流体在裂缝中的流动可以用以下方程描述：

$$\frac{K_{\mathrm{f}}}{\mu}\frac{\partial^2 p_{\mathrm{f}}}{\partial x^2}+\frac{K_{\mathrm{f}}}{\mu}\frac{\partial^2 p_{\mathrm{f}}}{\partial y^2}=\phi C_{\mathrm{t}}\frac{\partial p_{\mathrm{f}}}{\partial t}$$

$$0<x<L_{\mathrm{f}} \tag{3.5.4}$$

$$-\frac{W_{\mathrm{f}}}{2}<y<\frac{W_{\mathrm{f}}}{2}$$

由于裂缝的体积很小，所以裂缝的压缩性常常被忽略，因此，式(3.5.4)可以写为如下形式：

$$\frac{\partial}{\partial x}\left(\frac{\partial p_{\mathrm{f}}}{\partial x}\right)+\frac{\partial}{\partial y}\left(\frac{\partial p_{\mathrm{f}}}{\partial y}\right)=0$$

$$0<x<L_{\mathrm{f}} \tag{3.5.5}$$

$$-\frac{W_{\mathrm{f}}}{2}<y<\frac{W_{\mathrm{f}}}{2}$$

在裂缝壁面处，流体流量相等，有如下关系式：

$$\frac{K}{\mu}\left(\frac{\partial p}{\partial y}\right)_{y=\frac{W_{\mathrm{f}}}{2}}=\frac{K_{\mathrm{f}}}{\mu}\left(\frac{\partial p_{\mathrm{f}}}{\partial y}\right)_{y=\frac{W_{\mathrm{f}}}{2}} \tag{3.5.6}$$

在裂缝宽度的中轴线上没有流体流过，因此：

$$\frac{K_{\mathrm{f}}}{\mu}\left(\frac{\partial p_{\mathrm{f}}}{\partial y}\right)_{y=0}=0 \tag{3.5.7}$$

针对水力压开缝来讲，其裂缝宽度很小，因此，在 y 方向对其进行积分平均处理可以得到：

$$\frac{\partial}{\partial x}\left(\frac{\partial p_{\mathrm{f}}}{\partial x}\right)+\frac{2}{W_{\mathrm{f}}}\left[\left(\frac{\partial p_{\mathrm{f}}}{\partial y}\right)_{y=\frac{W_{\mathrm{f}}}{2}}-\left(\frac{\partial p_{\mathrm{f}}}{\partial y}\right)_{y=0}\right]=0 \tag{3.5.8}$$

将式(3.5.6)和式(3.5.7)代入(3.5.8)可以得到：

$$\frac{\partial}{\partial x}\left(\frac{\partial p_{\mathrm{f}}}{\partial x}\right)+\frac{2K}{W_{\mathrm{f}}K_{\mathrm{f}}}\left(\frac{\partial p_{\mathrm{f}}}{\partial y}\right)_{y=\frac{W_{\mathrm{f}}}{2}}=0 \tag{3.5.9}$$

整个裂缝产生的总流量为：

$$q_{\mathrm{f}}=\frac{K_{\mathrm{f}}hW_{\mathrm{f}}}{\mu}\left.\frac{\partial p_{\mathrm{f}}}{\partial x}\right|_{x=0} \tag{3.5.10}$$

$$q_{\mathrm{sc}}=2q_{\mathrm{f}} \tag{3.5.11}$$

在裂缝端部，由于裂缝宽度小，所以没有流体流过。

$$\frac{K}{\mu}\left(\frac{\partial p_{\mathrm{f}}}{\partial x}\right)_{x=L_{\mathrm{f}}}=0 \tag{3.5.12}$$

将储层和裂缝模型无量纲处理得到 Laplace 空间无量纲渗流微分方程。

式(3.5.1)至式(3.5.3) Laplace 空间无量纲表达式为：

$$\frac{\partial^2\bar{p}_{\mathrm{D}}}{\partial x_{\mathrm{D}}^2}+\frac{\partial^2\bar{p}_{\mathrm{D}}}{\partial y_{\mathrm{D}}^2}=s\,\bar{p}_{\mathrm{D}}\quad 0<x_{\mathrm{D}}<1\quad 0<y_{\mathrm{D}}<\infty \tag{3.5.13}$$

$$\left.\frac{\partial\bar{p}_{\mathrm{D}}(x_{\mathrm{D}},y_{\mathrm{D}},s)}{\partial x_{\mathrm{D}}}\right|_{x_{\mathrm{D}}=0}=0\quad \left.\frac{\partial\bar{p}_{\mathrm{D}}(x_{\mathrm{D}},y_{\mathrm{D}},s)}{\partial x_{\mathrm{D}}}\right|_{x_{\mathrm{D}}=1}=0 \tag{3.5.14}$$

$$\bar{p}_{\mathrm{D}}(x_{\mathrm{D}},y_{\mathrm{D}},s)\big|_{y_{\mathrm{D}}\to\infty}=0\quad \bar{p}_{\mathrm{D}}(x_{\mathrm{D}},y_{\mathrm{D}},s)\big|_{y_{\mathrm{D}}\to 0}=-p_{\mathrm{f}} \tag{3.5.15}$$

式(3.5.9)至式(3.5.12)变换后为：

$$\frac{\partial}{\partial x_{\mathrm{D}}}\left(\frac{\partial\bar{p}_{\mathrm{fD}}}{\partial x_{\mathrm{D}}}\right)+\frac{2}{C_{\mathrm{fD}}}\left(\frac{\partial\bar{p}_{\mathrm{D}}}{\partial y_{\mathrm{D}}}\right)_{y_{\mathrm{D}}=W_{\mathrm{fD}}/2}=0 \tag{3.5.16}$$

$$\left.\frac{\partial\bar{p}_{\mathrm{fD}}}{\partial x_{\mathrm{D}}}\right|_{x_{\mathrm{D}}=0}=-\frac{\pi}{sC_{\mathrm{fD}}} \tag{3.5.17}$$

$$\left(\frac{\partial\bar{p}_{\mathrm{fD}}}{\partial x_{\mathrm{D}}}\right)_{x_{\mathrm{D}}=1}=0 \tag{3.5.18}$$

式中　C_{fD}——无量纲裂缝导流能力，$C_{\mathrm{fD}}=(K_{\mathrm{f}}W_{\mathrm{f}})/(KL_{\mathrm{f}})$；

W_{f}——裂缝宽度，cm；

W_{fD}——无量纲裂缝宽度，$W_{\mathrm{f}}/L_{\mathrm{ref}}$。

需要说明的是，在裂缝模型无量纲处理过程中，参考长度取裂缝半长。

对 x_{D} 定义有限余弦傅里叶积分变换为：

$$\tilde{\bar{p}}_{\mathrm{D}}=\int_0^1\bar{p}_{\mathrm{D}}(x)\cos(u_n x)\,\mathrm{d}x\quad u_n=n\pi \tag{3.5.19}$$

在区间[0,1]内 $\bar{p}_{\mathrm{D}}$ 的每一连续点处有：

$$\bar{p}_{\mathrm{D}}(x_{\mathrm{D}},s)=\tilde{\bar{p}}_{\mathrm{D}}(0)+2\sum_{n=1}^{\infty}\tilde{\bar{p}}_{\mathrm{D}}(n)\cos(u_n x_{\mathrm{D}}) \tag{3.5.20}$$

对(3.5.13)和式(3.5.14)进行傅里叶余弦积分变换可以得到：

$$\frac{\partial^2\tilde{\bar{p}}_{\mathrm{D}}}{\partial y_{\mathrm{D}}^2}=(u_n^2+s)\,\tilde{\bar{p}}_{\mathrm{D}}$$

$$\tilde{\bar{p}}_{\mathrm{D}}(u_n,y_{\mathrm{D}},s)\big|_{y_{\mathrm{D}}\to\infty}=0 \tag{3.5.21}$$

式(3.5.21)的解为：

$$\tilde{\bar{p}}_D(u_n,x_D,s)=B\exp(-y_D\sqrt{u_n^2+s}) \tag{3.5.22}$$

将式(3.5.22)代入(3.5.20)得到:

$$\bar{p}_D=B_0\exp(-y_D\sqrt{s})+2\sum_{n=1}^{\infty}B_n\exp(-y_D\sqrt{u_n^2+s})\cos(u_nx_D) \tag{3.5.23}$$

在裂缝中心位置:

$$\left.\frac{\partial\bar{p}_D(x_D,y_D,s)}{\partial y_D}\right|_{y_D=0}=-B_0\sqrt{s}-2\sum_{n=1}^{\infty}B_n\sqrt{u_n^2+s}\cos(u_nx_D) \tag{3.5.24}$$

由于裂缝宽度很小,所以裂缝中心的压力与裂缝壁面的压力相等:

$$\bar{p}_{fD}(x_D,s)=\bar{p}_D(x_D,0,s)=B_0+2\sum_{n=1}^{\infty}B_n\cos(u_nx_D) \tag{3.5.25}$$

$$\frac{\partial\bar{p}_{fD}}{\partial x_D}=-2\sum_{n=1}^{\infty}B_nu_n\sin(u_nx_D) \tag{3.5.26}$$

对式(3.5.16)进行积分可以得到:

$$C_{fD}\frac{\partial\bar{p}_{fD}}{\partial x_D}+\frac{\pi}{s}+2\int_0^{x_D}\left(\frac{\partial\bar{p}_D}{\partial y_D}\right)_{y_D=0}\mathrm{d}x_D=0 \tag{3.5.27}$$

分别将(3.5.26)和式(3.5.24)代入式(3.5.27)可以得到:

$$-2C_{fD}\sum_{n=1}^{\infty}B_nu_n\sin(u_nx_D)+\frac{\pi}{s}-2\left[B_0x_D\sqrt{s}+2\sum_{n=1}^{\infty}B_n\frac{\sqrt{u_n^2+s}}{u_n}\sin(u_nx_D)\right]=0 \tag{3.5.28}$$

$$\sum_{n=1}^{\infty}B_n\left[u_nC_{fD}+\frac{2\sqrt{u_n^2+s}}{u_n}\right]\sin(u_nx_D)+B_0x_D\sqrt{s}=\frac{\pi}{2s} \tag{3.5.29}$$

利用正弦函数级数求和表达式:

$$\frac{\pi}{s}\sum_{n=1}^{\infty}\frac{\sin(u_nx_D)}{u_n}=\frac{\pi(1-x_D)}{2s}\qquad 0<x_D<2 \tag{3.5.30}$$

$$\sum_{n=1}^{\infty}B_n\left[u_nC_{fD}+\frac{2\sqrt{u_n^2+s}}{u_n}\right]\sin(u_nx_D)+B_0x_D\sqrt{s}=\frac{\pi}{s}\sum_{n=1}^{\infty}\frac{\sin(u_nx_D)}{u_n}+\frac{\pi x_D}{2s} \tag{3.5.31}$$

通过式(3.5.31)分别得到系数 B_0 和 B_n,其值分别为:

$$B_n=\frac{\pi}{s}\frac{1}{n^2\pi^2C_{fD}+2\sqrt{n^2\pi^2+s}}(n=0,1,2,\cdots,n) \tag{3.5.32}$$

将式(3.5.32)代入(3.5.25)得到裂缝井底压力为:

$$\bar{p}_{\mathrm{wfD}} = \bar{p}_{\mathrm{fD}}(0,s) = \frac{1}{s}\left(\frac{\pi}{2\sqrt{s}} + 2\sum_{n=1}^{\infty}\frac{\pi}{n^2\pi C_{\mathrm{fD}} + 2\sqrt{n^2\pi^2 + s}}\right) \tag{3.5.33}$$

根据 Wilkinson[32-33]的研究,有限导流裂缝解可以表示为无限导流裂缝解和修正项之和,其中修正项可以写为:

$$E_{\mathrm{rr}} = \frac{1}{s}\left[\frac{0.4063\pi}{\pi(C_{\mathrm{fD}} + 0.8997) + 1.6252s} - \frac{\pi}{2\sqrt{s}}\right] \tag{3.5.34}$$

根据有限导流直井压裂井井底压力和无限导流直井压裂井井底压力,求得均质和双重介质储层 Laplace 空间裂缝导流能力函数[34]:

$$s\bar{f}(C_{\mathrm{fD}}) = 2\pi\sum_{n=1}^{\infty}\frac{1}{(n\pi)^2 C_{\mathrm{fD}} + 2\sqrt{(n\pi)^2 + u}} + \frac{0.4063\pi}{\pi(C_{\mathrm{fD}} + 0.8997) + 1.6252u} \tag{3.5.35}$$

3.5.2 有限导流直井压裂井井底压力解

结合式(3.5.35)给出的裂缝导流能力函数,得到有限导流直井压裂井试井模型解为[35]:

$$s\bar{p}_{\mathrm{vD}} = s\bar{p}_{\mathrm{D}} + s\bar{f}(C_{\mathrm{fD}}) \tag{3.5.36}$$

式中 $\bar{p}_{\mathrm{D}}$——无量纲无限导流垂直裂缝井井底压力解;

$\bar{p}_{\mathrm{vD}}$——无量纲有限导流垂直裂缝井井底压力解。

3.5.3 考虑储层应力敏感影响有限导流直井压裂井井底压力解

结合式(3.5.42)给出的裂缝导流能力函数,得到考虑储层应力敏感影响有限导流直井压裂井试井模型解为:

$$s\bar{\xi}_{\mathrm{vD0}} = s\bar{\xi}_{\mathrm{D0}} + s\bar{f}(C_{\mathrm{fD}}) \tag{3.5.37}$$

式中 $\bar{\xi}_{\mathrm{D0}}$——摄动变换零阶无量纲无限导流直井压裂井井底压力解;

$\bar{\xi}_{\mathrm{vD0}}$——摄动变换零阶无量纲有限导流直井压裂井井底压力解。

基于摄动逆变换得到考虑储层应力敏感影响井底压力解:

$$\bar{p}_{\mathrm{D}} = -\frac{1}{\gamma_{\mathrm{D}}}\ln(1 - \gamma_{\mathrm{D}}\bar{\xi}_{\mathrm{D0}}) \tag{3.5.38}$$

3.6 算法研究

为了提高计算速度和计算精度,本节主要针对贝塞尔函数积分和双曲函数进行处理。

3.6.1 早期解的处理

3.6.1.1 关于贝塞尔函数积分的处理

对于小时间段(即 Laplace 变量 s 很大时)贝塞尔函数的积分计算,尽管可以采用 Gauss 等数值积分方法获得结果,但是其计算速度和精度都会受到大大的制约。因此,关于贝塞尔函数积分的具体计算如下:

$$Z_0\_\mathrm{int}=\int_a^b Z_0\left[\varepsilon_0\sqrt{(x_\mathrm{D}-cx)^2+y_{\mathrm{dk0}}^2}\right]\mathrm{d}x \tag{3.6.1}$$

式(3.6.1)中 Z_0 分别代表零阶第一类或第二类贝塞尔函数,因为贝塞尔函数只有变量大于 0 时才有意义。因此对式(3.6.1)进行分类讨论。

(1)当 $y_{\mathrm{dk0}}=0$ 的时候(解析积分)。

①如果 $x_\mathrm{D}\geqslant b$,则有:

$$Z_0\_\mathrm{int}=\frac{1}{c}\int_{ac}^{bc} Z_0\left[\varepsilon_0\sqrt{(x_\mathrm{D}-x)^2}\right]\mathrm{d}x=\frac{1}{c\varepsilon_0}\left[\int_0^{\varepsilon_0(x_\mathrm{D}-ac)} Z_0(x)\,\mathrm{d}x-\int_0^{\varepsilon_0(x_\mathrm{D}-bc)} Z_0(x)\,\mathrm{d}x\right] \tag{3.6.2}$$

②如果 $x_\mathrm{D}\leqslant a$,则有:

$$Z_0\_\mathrm{int}=\frac{1}{c}\int_{ac}^{bc} Z_0\left[\varepsilon_0\sqrt{(x_\mathrm{D}-x)^2}\right]\mathrm{d}x=\frac{1}{c\varepsilon_0}\left[\int_0^{\varepsilon_0(bc-x_\mathrm{D})} Z_0(x)\,\mathrm{d}x-\int_0^{\varepsilon_0(ac-x_\mathrm{D})} Z_0(x)\,\mathrm{d}x\right] \tag{3.6.3}$$

③如果 $a\leqslant x_\mathrm{D}\leqslant b$,则有:

$$Z_0\_\mathrm{int}=\frac{1}{c}\int_{ac}^{bc} Z_0\left[\varepsilon_0\sqrt{(x_\mathrm{D}-x)^2}\right]\mathrm{d}x=\frac{1}{c\varepsilon_0}\left[\int_0^{\varepsilon_0(bc-x_\mathrm{D})} Z_0(x)\,\mathrm{d}x+\int_0^{\varepsilon_0(x_\mathrm{D}-ac)} Z_0(x)\,\mathrm{d}x\right] \tag{3.6.4}$$

(2)当 $y_{\mathrm{dk0}\sim}=0$ 的时候(数值积分)。

①如果 $x_\mathrm{D}\geqslant b$,则有:

$$\begin{aligned}Z_0\_\mathrm{int}&=\frac{1}{c}\int_{ac}^{bc} Z_0\left[\varepsilon_0\sqrt{(x_\mathrm{D}-x)^2+uy_{\mathrm{dk0}}^2}\right]\mathrm{d}x\\&=\frac{1}{c\varepsilon_0}\left[\int_0^{\varepsilon_0(x_\mathrm{D}-ac)} Z_0\left(\sqrt{x^2+uy_{\mathrm{dk0}}^2}\right)\mathrm{d}x-\int_0^{\varepsilon_0(x_\mathrm{D}-bc)} Z_0\left(\sqrt{x^2+uy_{\mathrm{dk0}}^2}\right)\mathrm{d}x\right]\end{aligned} \tag{3.6.5}$$

②如果 $x_\mathrm{D}\leqslant a$,则有:

$$\begin{aligned}Z_0\_\mathrm{int}&=\frac{1}{c}\int_{ac}^{bc} Z_0\left[\varepsilon_0\sqrt{(x_\mathrm{D}-x)^2+uy_{\mathrm{dk0}}^2}\right]\mathrm{d}x\\&=\frac{1}{c\varepsilon_0}\left[\int_0^{\varepsilon_0(bc-x_\mathrm{D})} Z_0\left(\sqrt{x^2+uy_{\mathrm{dk0}}^2}\right)\mathrm{d}x-\int_0^{\varepsilon_0(ac-x_\mathrm{D})} Z_0\left(\sqrt{x^2+uy_{\mathrm{dk0}}^2}\right)\mathrm{d}x\right]\end{aligned} \tag{3.6.6}$$

③如果 $a \leqslant x_D \leqslant b$,则有:

$$\begin{aligned} Z_0\_\text{int} &= \frac{1}{c}\int_{ac}^{bc} Z_0\left[\varepsilon_0\sqrt{(x_D - x)^2 + uy_{dk0}^2}\right]dx \\ &= \frac{1}{c\varepsilon_0}\left[\int_0^{\varepsilon_0(bc - x_D)} Z_0\left(\sqrt{x^2 + uy_{dk0}^2}\right)dx + \int_0^{\varepsilon_0(x_D - ac)} Z_0\left(\sqrt{x^2 + uy_{dk0}^2}\right)dx\right] \end{aligned} \tag{3.6.7}$$

式(3.6.2)至式(3.6.4)中零阶第一类贝塞尔函数积分可以写为:

$$\begin{aligned} \int_0^x K_0(\xi)\,d\xi &= -x\left(\gamma + \ln(x/2)\right)x\sum_{k=0}^{\infty}\frac{(x2)^{2k}}{(k!)^2(2k+1)} \\ &+ x\sum_{k=0}^{\infty}\frac{(x2)^{2k}}{(k!)^2(2k+1)} + x\sum_{k=0}^{\infty}\frac{(x2)^{2k}}{(k!)^2(2k+1)}\sum_{n}^{k}\frac{1}{n} \end{aligned} \tag{3.6.8}$$

式(3.6.8)中当变量 $x \geqslant 9$ 时,其值恒为 $\pi/2$;γ 为欧拉常数:0.5772。

3.6.1.2 关于双曲函数的处理

对于含有封闭边界的油藏,重新定义无量纲时间:

$$t_{AD} = t_D / A_D \tag{3.6.9}$$

其中无量纲时间的定义与前者相同,无量纲面积可以定义为如下形式:

$$A_D = \pi r_e^2 / L_{ref}^2 \text{ 或 } A_D = x_e y_e / L_{ref}^2 \tag{3.6.10}$$

为了提高小时间段的计算速度,对于盒状封闭油藏,存在双曲函数的计算,通过对其进行改写可以得到快速计算双曲函数的方法,因此,根据 Ozkan 提出的方法,当 $t_{AD} \leqslant 0.01$ 时可以用以下方法处理:

$$\begin{aligned} &\frac{\cosh[\sqrt{u}(y_{eD} - |y_{D1}|)] + \cosh[\sqrt{u}(y_{eD} - |y_{D2}|)]}{\sinh(\sqrt{u}y_{eD})} \\ &= \left(e^{-\sqrt{u}y_{D1}} + e^{-\sqrt{u}(y_{eD} + y_{eD} - y_{D1})} + e^{-\sqrt{u}(y_{eD} + y_{eD} - y_{D2})} + e^{-\sqrt{u}y_{D2}}\right) \times \left(1 + \sum_{m=1}^{\infty} e^{-2m\sqrt{u}y_{eD}}\right) \end{aligned} \tag{3.6.11}$$

将式(3.6.11)代入式(3.2.1)可以得到:

$$\begin{aligned} s\bar{p}_D &= \frac{\pi}{x_{eD}}\left(e^{-\sqrt{u}y_{D1}} + e^{-\sqrt{u}(y_{eD} + y_{eD} - y_{D1})} + e^{-\sqrt{u}(y_{eD} + y_{eD} - y_{D2})} + e^{-\sqrt{u}y_{D2}}\right) \times \left(1 + \sum_{m=1}^{\infty} e^{-2m\sqrt{u}y_{eD}}\right) \\ &+ \frac{2}{L_{fD}}\sum_{k=1}^{+\infty}\left[\begin{array}{l} \left(e^{-\varepsilon_k y_{D1}} + e^{-\varepsilon_k(y_{eD} + y_{eD} - y_{D1})} + e^{-\varepsilon_k(y_{eD} + y_{eD} - y_{D2})} + e^{-\varepsilon_k y_{D2}}\right) \times \\ \left(1 + \sum_{m=1}^{\infty} e^{-2m\varepsilon_k y_{eD}}\right)\frac{1}{k}\sin\left(\frac{k\pi L_{fD}}{x_{eD}}\right)\cos\left(\frac{k\pi x_D}{x_{eD}}\right)\cos\left(\frac{k\pi x_{wD}}{x_{eD}}\right) \end{array}\right] \end{aligned} \tag{3.6.12}$$

式(3.6.12)又可以写为:

$$s\bar{p}_{\mathrm{D}}=s\bar{p}_{\mathrm{D1}}+s\bar{p}_{\mathrm{Db1}}+s\bar{p}_{\mathrm{Db2}} \tag{3.6.13}$$

其中

$$s\bar{p}_{\mathrm{D1}}=\frac{2}{L_{\mathrm{fD}}}\sum_{k=1}^{+\infty}\frac{\mathrm{e}^{-\varepsilon_k y_{\mathrm{D2}}}}{k\varepsilon_k}\sin\left(\frac{k\pi L_{\mathrm{fD}}}{x_{\mathrm{eD}}}\right)\cos\left(\frac{k\pi x_{\mathrm{D}}}{x_{\mathrm{eD}}}\right)\cos\left(\frac{k\pi x_{\mathrm{wD}}}{x_{\mathrm{eD}}}\right\} \tag{3.6.14}$$

$$s\bar{p}_{\mathrm{Db1}}=\frac{\pi}{\sqrt{u}\,x_{\mathrm{eD}}}\left\{\begin{array}{l}\left[\mathrm{e}^{-\sqrt{u}y_{\mathrm{D1}}}+\mathrm{e}^{-\sqrt{u}(y_{\mathrm{eD}}+y_{\mathrm{eD}}-y_{\mathrm{D1}})}+\mathrm{e}^{-\sqrt{u}(y_{\mathrm{eD}}+y_{\mathrm{eD}}-y_{\mathrm{D2}})}+\mathrm{e}^{-\sqrt{u}y_{\mathrm{D2}}}\right]\times\\ \left(1+\sum\limits_{m=1}^{\infty}\mathrm{e}^{-2m\sqrt{u}y_{\mathrm{eD}}}\right)\end{array}\right] \tag{3.6.15}$$

$$s\bar{p}_{\mathrm{Db2}}=\frac{2}{L_{\mathrm{fD}}}\sum_{k=1}^{+\infty}\left\{\begin{array}{l}\frac{1}{k\varepsilon_k}\sin\left(\frac{k\pi L_{\mathrm{fD}}}{x_{\mathrm{eD}}}\right)\cos\left(\frac{k\pi x_{\mathrm{D}}}{x_{\mathrm{eD}}}\right)\cos\left(\frac{k\pi x_{\mathrm{wD}}}{x_{\mathrm{eD}}}\right)\times\\ \left[\begin{array}{l}\left[\mathrm{e}^{-\varepsilon_k y_{\mathrm{D1}}}+\mathrm{e}^{-\varepsilon_k(y_{\mathrm{eD}}+y_{\mathrm{eD}}-y_{\mathrm{D1}})}+\mathrm{e}^{\varepsilon_k(y_{\mathrm{eD}}+y_{\mathrm{eD}}-y_{\mathrm{D2}})}\right]\times\\ \left(1+\sum\limits_{m=1}^{\infty}\mathrm{e}^{-2m\varepsilon_k y_{\mathrm{eD}}}\right)+\mathrm{e}^{-\varepsilon_k y_{\mathrm{D2}}}\sum\limits_{m=1}^{\infty}\mathrm{e}^{-2m\varepsilon_k y_{\mathrm{eD}}}\end{array}\right]\end{array}\right\} \tag{3.6.16}$$

注意到式(3.6.14)又可以写为：

$$s\bar{p}_{\mathrm{D1}}=\frac{\pi}{x_{\mathrm{eD}}L_{\mathrm{fD}}}\sum_{k=1}^{+\infty}\int_{x_{\mathrm{wD}}-1}^{x_{\mathrm{wD}}+1}\frac{1}{\varepsilon_k}\cos\left(\frac{\alpha}{x_{\mathrm{eD}}}\right)\cos\left(\frac{k\pi x_{\mathrm{D}}}{x_{\mathrm{eD}}}\right)\mathrm{e}^{-\varepsilon_k y_{\mathrm{D2}}}\mathrm{d}\alpha \tag{3.6.17}$$

根据参考文献[5],式(3.6.17)可以写为两部分,具体形式为：

$$s\bar{p}_{\mathrm{D1}}=s\bar{p}_{\mathrm{Din}}+s\bar{p}_{\mathrm{Db3}} \tag{3.6.18}$$

其中 $s\bar{p}_{\mathrm{Dinf}}$无限大油藏点源解,即为式(2.1.15)的表达式,并且 $s\bar{p}_{\mathrm{Db3}}$可以写为如下形式：

$$s\bar{p}_{\mathrm{Db3}}=\frac{1}{2}\left\{\begin{array}{l}\int_{-1}^{1}K_0\left[\sqrt{u}\sqrt{(x_{\mathrm{D}}+x_{\mathrm{wD}}-\alpha)^2+(y_{\mathrm{D}}-y_{\mathrm{wD}})^2}\right]\mathrm{d}\alpha+\\ \sum\limits_{k=1}^{\infty}\int_{-1}^{1}\left\{\begin{array}{l}K_0\left[\sqrt{u}\sqrt{(x_{\mathrm{D}}-x_{\mathrm{wD}}-2kx_{\mathrm{eD}}-\alpha)^2+(y_{\mathrm{D}}-y_{\mathrm{wD}})^2}\right]+\\ K_0\left[\sqrt{u}\sqrt{(x_{\mathrm{D}}+x_{\mathrm{wD}}-2kx_{\mathrm{eD}}-\alpha)^2+(y_{\mathrm{D}}-y_{\mathrm{wD}})^2}\right]+\\ K_0\left[\sqrt{u}\sqrt{(x_{\mathrm{D}}-x_{\mathrm{wD}}+2kx_{\mathrm{eD}}-\alpha)^2+(y_{\mathrm{D}}-y_{\mathrm{wD}})^2}\right]+\\ K_0\left[\sqrt{u}\sqrt{(x_{\mathrm{D}}+x_{\mathrm{wD}}+2kx_{\mathrm{eD}}-\alpha)^2+(y_{\mathrm{D}}-y_{\mathrm{wD}})^2}\right]-\end{array}\right\}\mathrm{d}\alpha\\ -\frac{2\pi e^{-\sqrt{u}y_{\mathrm{D2}}}}{\sqrt{u}\,x_{\mathrm{eD}}}\end{array}\right\} \tag{3.6.19}$$

写成以上形式有两个优点：第一,有效快速地计算小时间段的压力与压力导数曲线；第二,将有界油藏的解与无穷大边界油藏的压力解结合。

3.6.2　晚期解的处理

根据参考文献[8]，有关系式：

$$\sum_{k=1}^{\infty}\frac{\cos(kx)}{k^2+a^2}=\frac{\pi}{2a}\frac{\cosh[a(\pi-x)]}{\sinh(a\pi)}-\frac{1}{2a^2}\ (0\leqslant x\leqslant 2\pi) \tag{3.6.20}$$

因此，式(3.2.1)右边第一部分可以写为：

$$HT=\frac{2\pi}{x_{eD}y_{eD}su}+\frac{2\pi}{x_{eD}y_{eD}s}\sum_{k=1}^{\infty}\frac{\cos(k\pi|y_{D1}|)+\cos(k\pi|y_{D2}|)}{u+k^2\pi^2y_{eD}^2} \tag{3.6.21}$$

对于晚期(s很小)，u被s代替并且$u+m^2\pi^2/y_{eD}^2$被$m^2\pi^2/y_{eD}^2a$代替，忽略Laplace变量s对其的影响，从而提高了计算速度。

式(3.6.20)经过简化处理有以下表达式：

$$\sum_{k=1}^{\infty}\frac{\cos(kx)}{k^2}=\frac{\pi}{6}-\frac{\pi x}{2}+\frac{x^2}{4}(0\leqslant x\leqslant 2\pi) \tag{3.6.22}$$

则式(3.6.21)可以简化为以下形式：

$$HT=\frac{2\pi}{x_{eD}y_{eD}s^2}+\frac{2y_{eD}}{\pi x_{eD}s}\left(\frac{1}{s}-\frac{y_D}{y_{eD}}+\frac{y_D^2+y_{wD}}{2y_{eD}^2}\right) \tag{3.6.23}$$

同理，式(3.2.1)右边第二部分也可以做相似的处理。

3.6.3　Stehfest数值反演方法

以上所有的结果都是Laplace空间的解析解，要想获得真实空间解，需要利用Stehfest[36]数值反演的方法，其基本原理为：

$$p_{wD}(t_D)=\frac{\ln 2}{t_D}\sum_{i=1}^{N}V_i\bar{p}_{wD}(s_i) \tag{3.6.24}$$

其中

$$s_i=\frac{\ln 2}{t_D}i$$

$$V_i=(-1)^{\frac{N}{2}+i}\sum_{K=\left[\frac{i+1}{2}\right]}^{\min\left\{\frac{N}{2},i\right\}}\frac{K^{\frac{N}{2}+1}(2K)!}{\left(\frac{N}{2}-K\right)!(K!)^2(i-K)!(2K-i)!}$$

式中N通常取6或8比较合理。

3.7 考虑井筒储集效应与表皮效应的影响

最初开井时,地面产量源于储集在井筒中流体的膨胀,储层几乎无贡献。这种现象称为纯井筒储集效应。这种效应可以持续几秒到几分钟。随后储层开始产出流体,砂面流量增加。井中流态发生任何变化,在地面产量和油层产量之间都会存在时间滞后。在不稳定试井解释过程中采用井筒储集系数来定义。井筒储集系数指纯井筒储集流动期间压力变化的速率。对每一个充满单相流体的井,井筒储集系数可以用压缩系数来定义[37]。

$$C=-\frac{\Delta V}{\Delta p}=C_{\mathrm{o}}V_{\mathrm{w}} \tag{3.7.1}$$

式中 V_{w}——井筒体积,cm^3;

C——井储系数,atm/cm^3;

C_{o}——流体压缩系数,atm^{-1}。

对于有地层伤害的井,储层和井筒之间存在流动阻力,流体进入井筒时产生了一个附加压力降 Δp_{s},为了进行井间对比,压力降的幅度需要标准化,同一 Δp_{s} 可以较低或非常大的伤害,这取决于流量和储层渗透率。表皮系数 S 是一个无量纲参数,它描述了井的状况,表皮系数定义一如下:

$$S=\frac{2\pi Kh}{q_{\mathrm{sc}}\mu}\Delta p_{\mathrm{s}} \tag{3.7.2}$$

结合杜哈美原理以及叠加原理,可求得 Laplace 空间考虑井筒储集和表皮效应影响的无量纲井底压力:

$$\bar{p}_{\mathrm{wD}}(s)=\frac{s\bar{p}_{\mathrm{vD}}+S}{s+C_{\mathrm{D}}s^2(s\bar{p}_{\mathrm{vD}}+S)} \tag{3.7.3}$$

式中 $\bar{p}_{\mathrm{wD}}$——考虑井储和表皮 Laplace 空间井底压力;

$\bar{p}_{\mathrm{vD}}$——未考虑井储和表皮 Laplace 空间井底压力。

利用 Stehfest[101,102]数值反演获得实空间井底压力并绘制井底压力与压力导数动态特征曲线。

3.8 计算结果及影响因素分析

3.8.1 压力动态特征曲线验证与分析

图 3.8.1 为不同外边界有限导流垂直裂缝井井底压力响应特征曲线。从图中可以看

出,无论是无限大外边界还是矩形封闭外边界,商业软件 Saphir 计算的结果与本书所给模型计算结果拟合效果很好。因此,利用本书方法可以对压裂井进行高效、准确的计算。

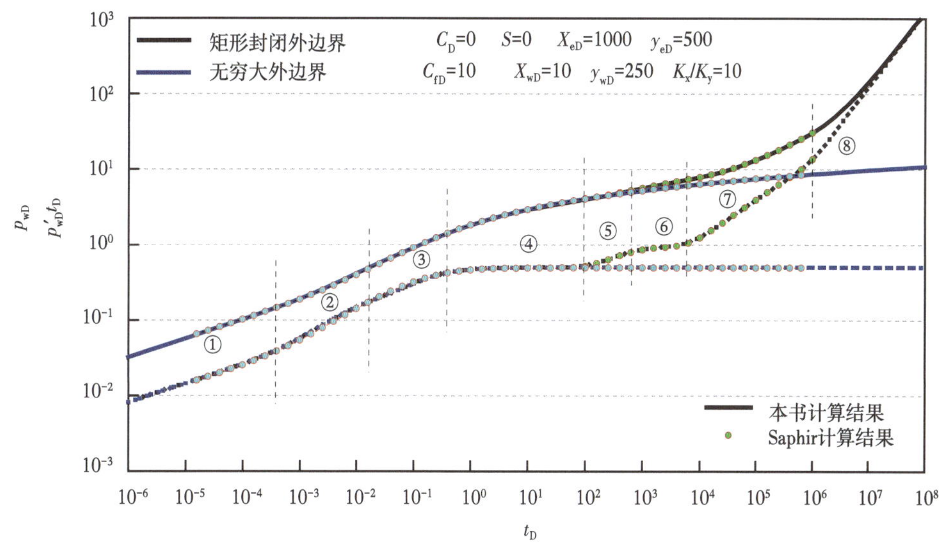

图 3.8.1 均质油藏有限导流直井压裂井试井曲线

如果不考虑井储和表皮对压力曲线的影响,根据压力导数曲线特征,顶底封闭、侧向无限大外边界条件下压力动态特征曲线可以划分为 4 个流动阶段。对于矩形封闭外边界油藏,由于井的位置和边界的影响,压力动态特征曲线可以划分为 8 个流动阶段。每个阶段渗流特征如下。

第①阶段为早期双线性流阶段,主要表现为压裂裂缝中的线性流和储层流体向压裂裂缝的线性流同时发生[图 3.8.2(a)]。理想情况下,该阶段压力导数曲线特征呈斜率为 1/4 的直线。

第②阶段为早期线性流阶段,主要表现为储层流体向裂缝的线性流[图 3.8.2(b)],该

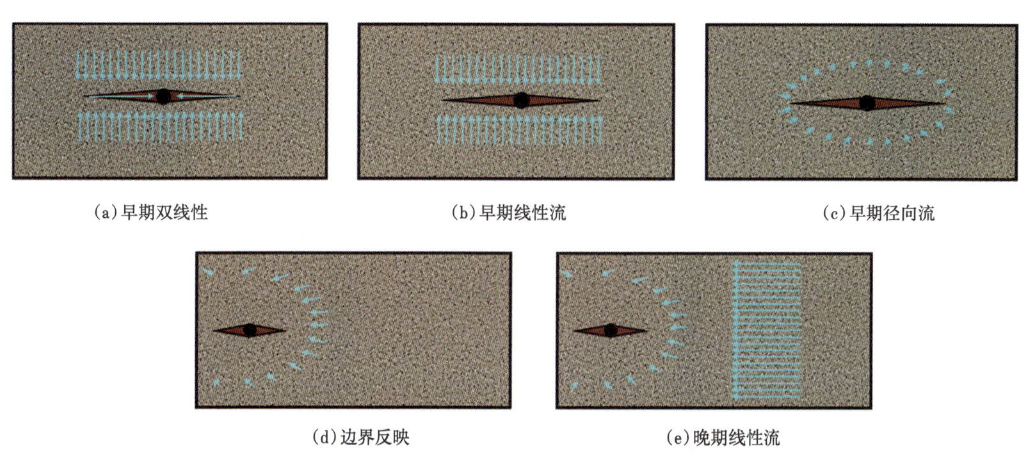

(a) 早期双线性　(b) 早期线性流　(c) 早期径向流

(d) 边界反映　(e) 晚期线性流

图 3.8.2 渗流特征示意图

阶段压力导数曲线特征呈斜率为 1/2 的直线。

第③阶段为线性流向径向流的过渡段。

第④阶段为径向流阶段,该阶段压力导数曲线特征为 0.5 的水平线[图 3.8.2(c)]。

第⑤阶段为早期径向流向晚期径向流过渡段。

第⑥阶段为边界反映阶段,该阶段压力导数曲线特征为水平线,其值的大小与井在矩形油藏中的位置有关。当井位于矩形正中心时,其值为 0.5 水平线;当井靠近某一边界时,压力导数曲线呈值为 1 的水平线[图 3.8.2(d)];当井位于矩形的四个角落时,由于有两条边界反应,镜像出四口等产量生产镜像井,所以压力导数曲线呈值为 2 的水平向。

第⑦阶段为晚期线性流阶段,该阶段主要表现为储层中的流体沿裂缝方向的线性流,其压力导数曲线特征呈斜率为 0.5 的直线[图 3.8.2(e)]。

第⑧阶段为晚期拟态流动阶段,该阶段压力导数曲线特征呈斜率为 1 的直线。

3.8.2 特征曲线影响因素分析

图 3.8.3 为裂缝导流能力对试井曲线的影响。从图中可以看出,压裂裂缝导流能力越大,流体从裂缝流入井筒阻力越小。因此,无量纲导流能力越大,双线性流及线性流阶段压力曲线越低,双线性流特征段结束的时间越早。当无量纲导流能无限大时,有限导流压裂井井底压力解简化为无限导流,井底压力曲线也主要反映的是无限导流曲线特征。

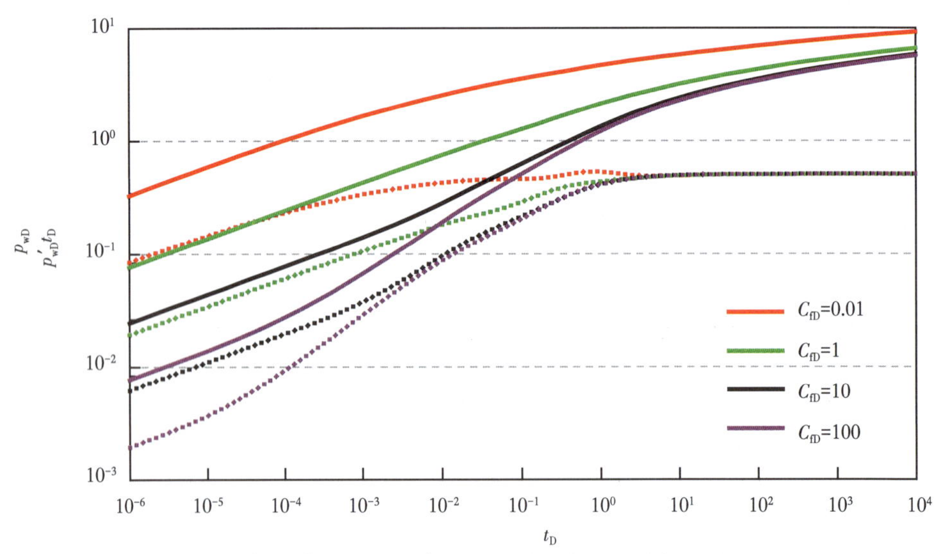

图 3.8.3 裂缝导流能力对试井曲线影响

图 3.8.4 为外边界半径对试井曲线的影响。从图中可以看出,外边界半径只影响径向流结束的时间,圆形外边界半径越大,压力波传播到外边界所需要的时间越长,径向流持续时间越长;外边界不影响早期曲线形态特征,只影响拟稳态流动阶段开始的时间。

图 3.8.5 为双重介质油藏窜流系数和弹性储容比对试井曲线的影响。窜流系数是指基

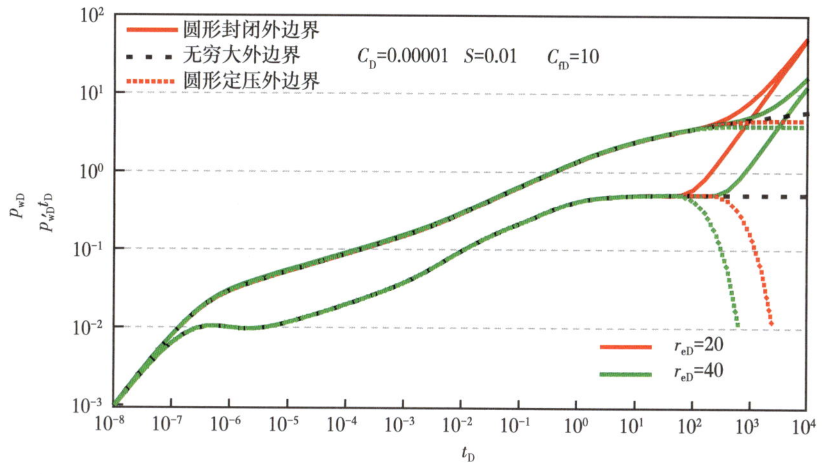

图 3.8.4 外边界半径对试井曲线的影响

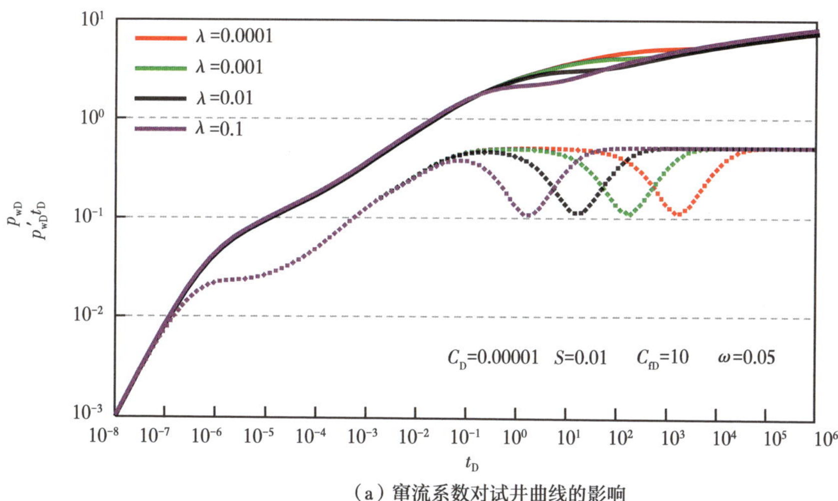

（a）窜流系数对试井曲线的影响

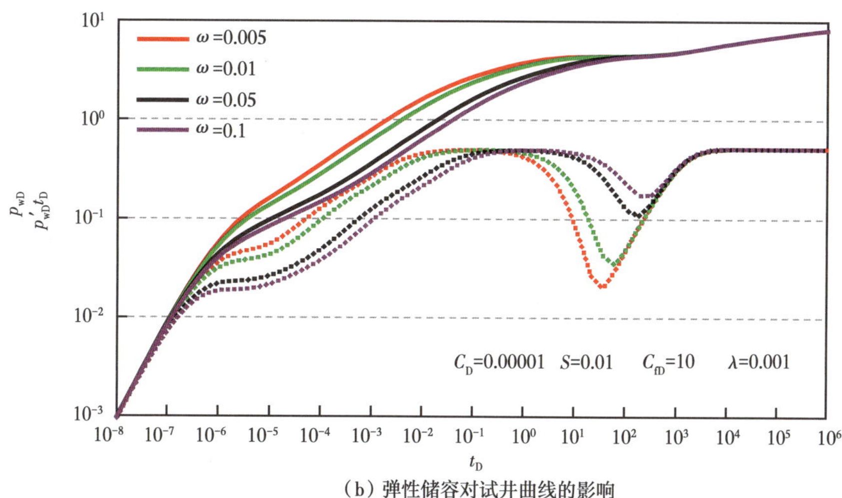

（b）弹性储容对试井曲线的影响

图 3.8.5 弹性储容比和窜流系数对试井曲线的影响

质向天然裂缝窜流能力的大小,窜流系数的大小只影响压力导数曲线“凹子”出现的时间,对“凹子”的宽度和深度没有影响,窜流系数越大,基质内流体就越容易向裂缝发生窜流,“凹子”出现的时间就越早[图3.8.5(a)]。弹性储容比是指基质储集流体能力的大小,弹性储容比越大,压力导数曲线“凹子”就越浅越窄,早期压力和压力导数值越小[图3.8.5(b)]。

图3.8.6为矩形封闭油藏裂缝长度和边界形状对试井曲线的影响。裂缝长度对试井曲线的影响主要表现在双线性流和线性流阶段,裂缝长度越长,早期双线性流和线性流阶段和压力和压力导数曲线越低[图3.8.6(a)]。矩形封闭边界形状对试井曲线的影响主要表现在晚期线性流和拟稳态流阶段,矩形边界长宽比越大,晚期线性流特征越明显[图3.8.6(b)]。

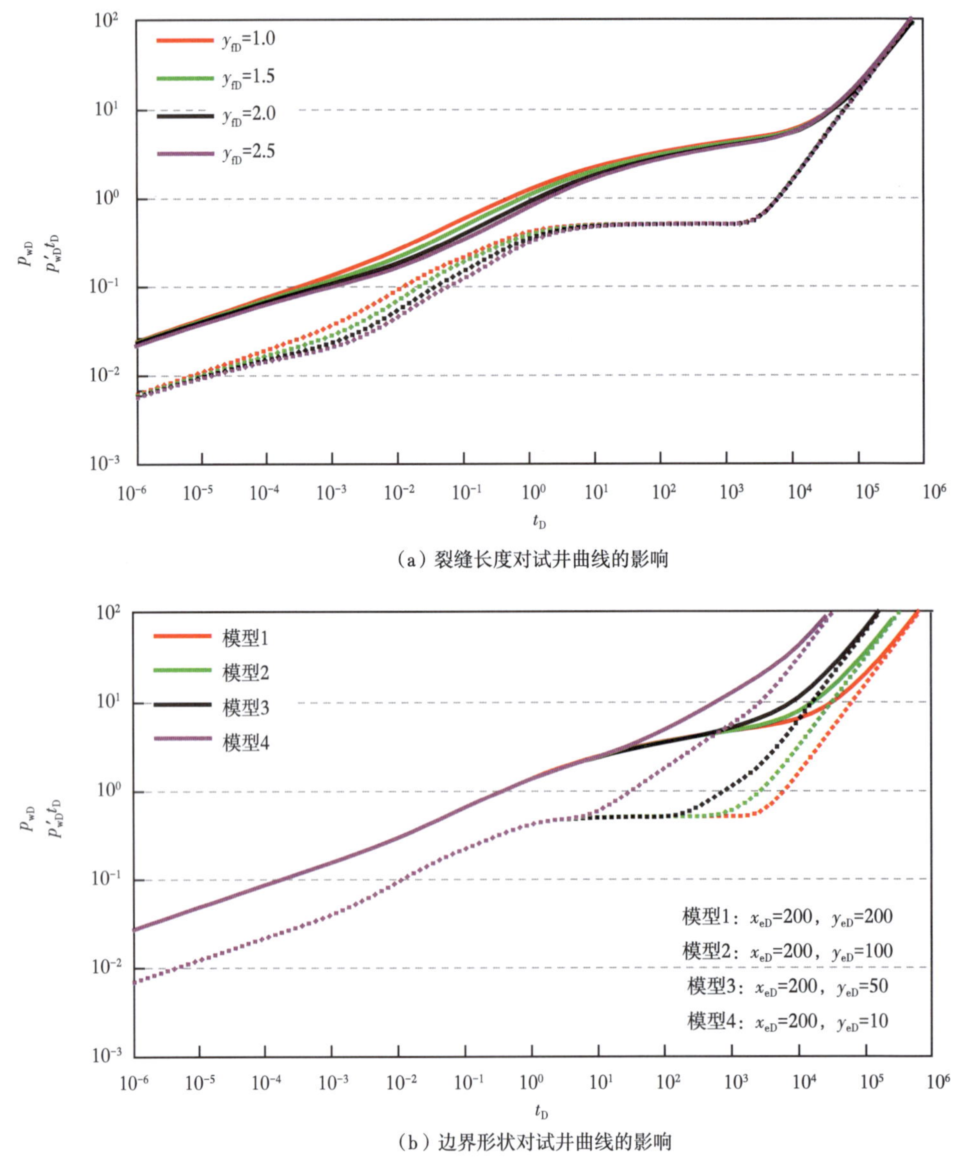

(a) 裂缝长度对试井曲线的影响

(b) 边界形状对试井曲线的影响

图3.8.6 矩形封闭油藏裂缝长度和边界形状对试井曲线的影响

图 3.8.7 为井的位置对试井曲线的影响。在矩形封闭边界大小一定的情况下，井的位置对试井曲线的影响主要表现在晚期径向流阶段。当井位于矩形封闭油藏中心时，压力波传播到封闭边界，径向流阶段结束后直接到达拟稳态流阶段（模型 3）；当井靠近某一封闭边界时，压力波很快传播到封闭边界，径向流阶段结束后出现边界反映阶段，由于只有一条封闭边界影响，因此，边界反映阶段压力导数曲线呈值为 1 的水平线，随后达到拟稳态流动阶段（模型 1）；当井位于矩形封闭边界油藏四角时，压力波很快传播到封闭边界，径向流阶段结束后出现边界反映阶段，由于压力波首先传播到两条封闭边界，因此，边界反映阶段压力导数曲线值为 2 的水平线，随后达到拟稳态流动阶段（模型 2）［图 3.8.7(a)］。当井沿 xeD 的中轴线移动时，井距离边界越近，压力波传播到边界的时间就越早，径向流结束时间就越早，边界反映特征越明显［图 3.8.7(b)］。

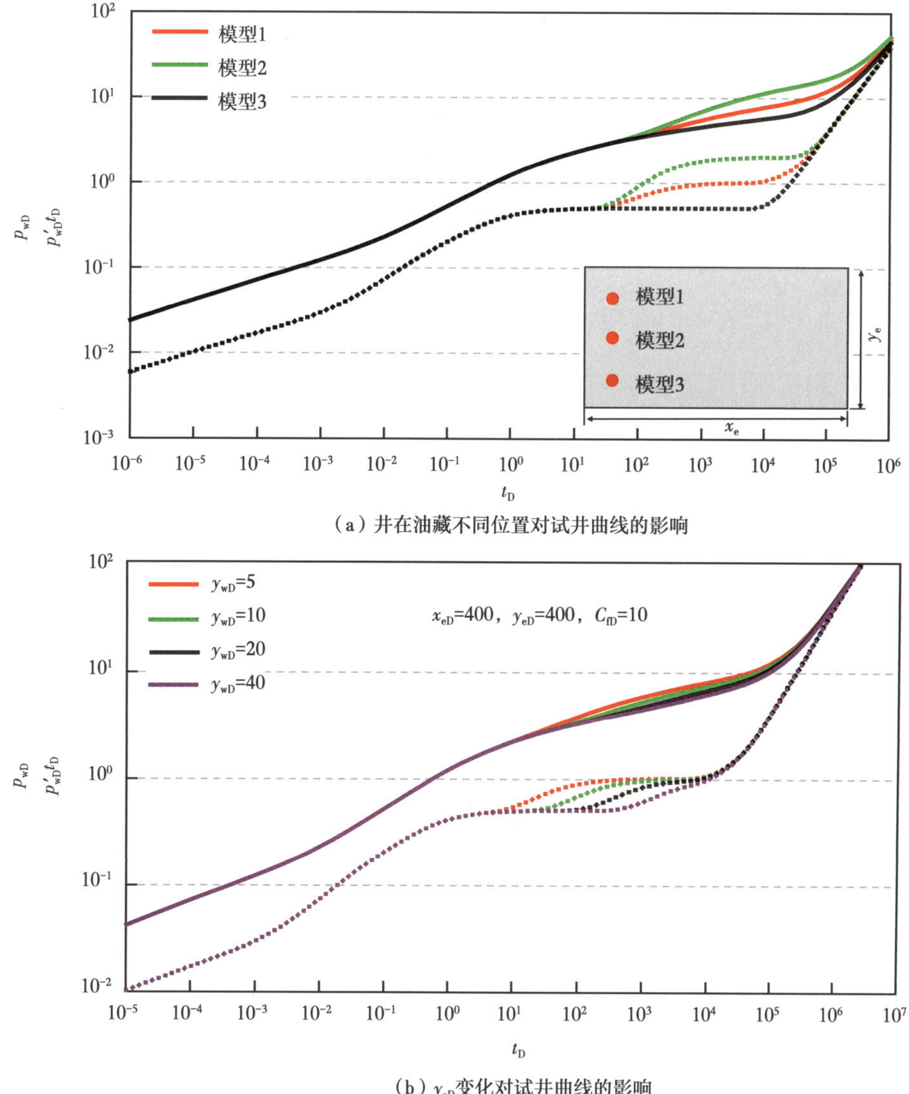

（a）井在油藏不同位置对试井曲线的影响

（b）y_{eD}变化对试井曲线的影响

图 3.8.7　井的位置对特征曲线的影响

图 3.8.8 为应力敏感对试井曲线的影响。从图中可以看出，应力敏感系数只影响线性流阶段之后的压力及压力导数曲线形态，应力敏感系数越大，储层渗透率下降越快，流体流动越困难，储层流体流动所需要的压降越大。因此，应力敏感系数越大，径向流阶段压力和压力导数曲线上翘幅度越大。

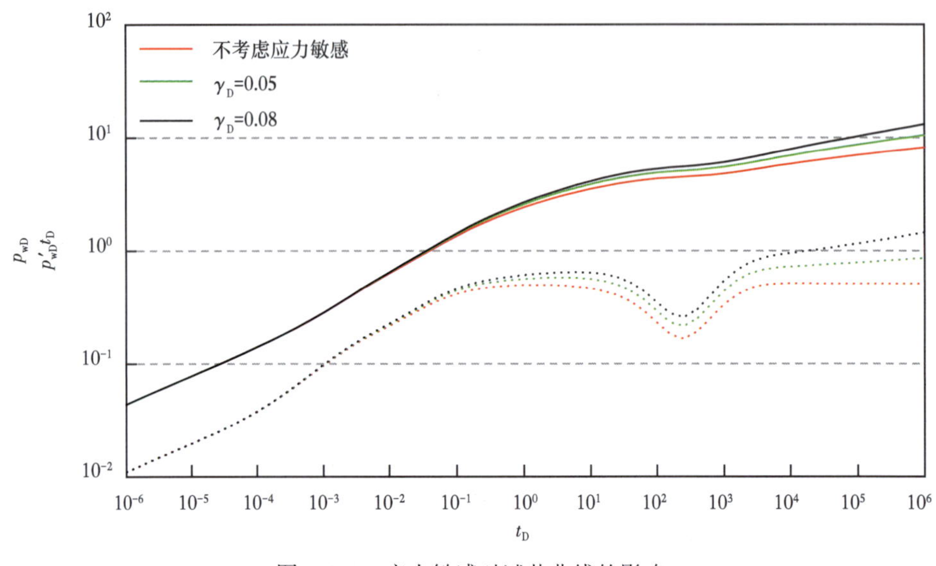

图 3.8.8　应力敏感对试井曲线的影响

图 3.8.9 为启动压力梯度对试井曲线的影响。从图中可以看出，启动压力梯度只影响线性流阶段之后压力及压力导数曲线形态，启动压力梯度大的地层，流体开始流动消耗的地层能量越多，流体流动越困难，储层流体流动所需要的压降越大。因此，启动压力梯度越大，径向流阶段压力和压力导数曲线上翘幅度越大，压力及压力导数开始上翘的时间越早。

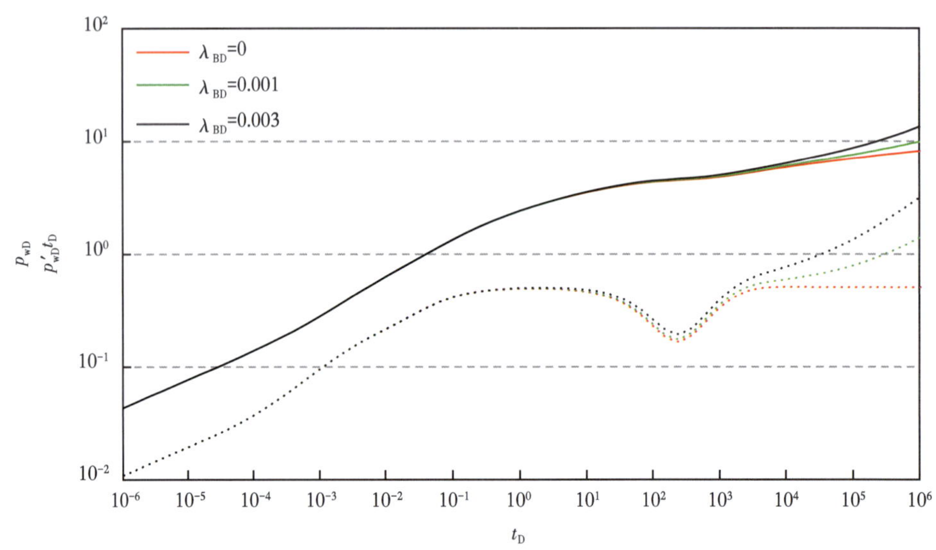

图 3.8.9　启动压力梯度对试井曲线的影响

4 直井压裂井多翼缝试井解释模型研究

第3章主要介绍了直井压裂井对称缝不稳定渗流数学模型。然而,在水力压裂过程中裂缝可能关于井筒不对称且裂缝与裂缝之间存在一定夹角。因此,有必要对这种垂直裂缝试井解释模型展开深入研究。本章主要对直井压裂井不对称缝及多翼缝井底压力动态进行研究。首先,分别建立储层渗流数学模型和压裂裂缝数学模型;其次,通过裂缝离散耦合、结合压降叠加原理求的不对称缝及多翼缝井底压力解;最后,利用 Stehfest 数值反演求的实空间井底压力解并进行流动阶段分析,分析各参数对井底压力动态特征曲线的影响。

4.1 直井压裂井不对称裂缝试井模型建立与求解

不对称裂缝指直井在压裂过程中井筒两端水力压裂裂缝长度不相等,使得地层流体在流入裂缝过程中渗流方式发生改变。为了研究直井压裂井不对称裂缝井底压力动态特征,分别建立压裂裂缝与储层渗流数学模型,通过 Laplace 积分变换等相关数学方法求得模型解析解,最后将裂缝模型与储层模型解耦合,利用 Stehfest 数值反演求得直井压裂井不对称裂缝井底压力解。

4.1.1 裂缝数学模型建立与求解

根据 Fisher 等人[38]的研究,实际直井压裂井有以下几种裂缝构造,如图 4.1.1 所示。

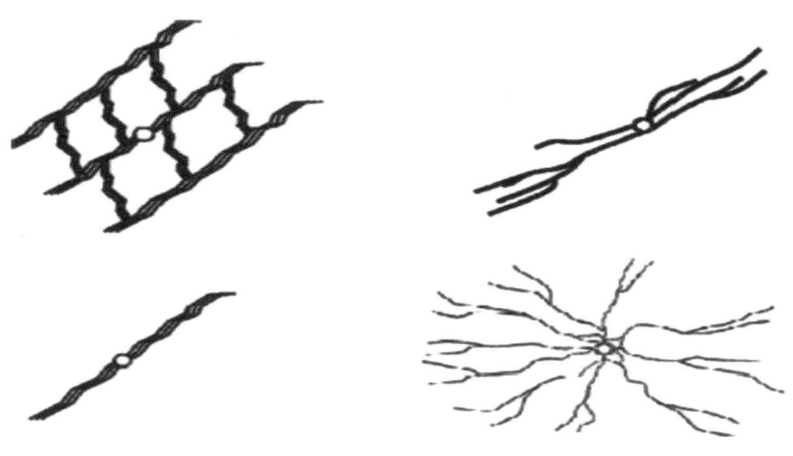

图 4.1.1 几种不规则裂缝分布方式

由于复杂的地层条件和水力压裂过程中的种种不确定因素，导致直井在压裂过程中裂缝关于井筒中心不对称，从而导致渗流方式发生变化，为了更好地建立不对称垂直裂缝试井数学模型，以压裂裂缝中心为原点建立平面直角坐标，井偏离裂缝中心位置的位移为 x_w（图 4.1.2）。基本假设条件与柱状油藏压裂井相同，需要特别说明的是，在建立压裂裂缝数学模型时，井偏离裂缝中心位置，井筒两侧裂缝长度不相等。

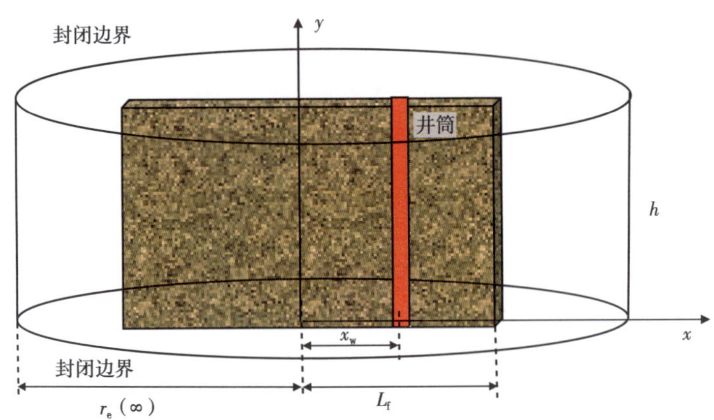

图 4.1.2 不对称垂直裂缝模型示意图

以裂缝宽度的 1/2 为基本单元，建立直井压裂井不对称裂缝渗流数学模型。基于渗流力学基本原理，根据状态方程、连续性微分方程和运动方程，建立压裂裂缝渗流微分方程。根据其物理过程，压裂裂缝渗流微分方程可以表示如下[39]：

$$\frac{\partial}{\partial x}\left(\frac{\partial p_f}{\partial x}\right)+\frac{\partial}{\partial y}\left(\frac{\partial p_f}{\partial y}\right)=\frac{\mu q_{sc}}{K_f h W_f L_{ref}}\delta(x-x_w) \tag{4.1.1}$$

式中 $\delta(x)$——Dirc 函数；

W_f——裂缝宽度，cm；

x_w——井筒位置，cm；

p_f——水力压裂裂缝压力，atm。

针对水力压裂裂缝来讲，其裂缝宽度很小，因此，对其进行积分平均处理可以得到：

$$\frac{\partial}{\partial x}\left(\frac{\partial p_f}{\partial x}\right)+\frac{2}{W_f}\left[\left(\frac{\partial p_f}{\partial y}\right)_{y=\frac{W_f}{2}}-\left(\frac{\partial p_f}{\partial y}\right)_{y=0}\right]=\frac{\mu q_{sc}}{K_f W_f h L_{ref}}\delta(x-x_w) \tag{4.1.2}$$

由于裂缝具有对称性，因此，在裂缝中轴线上，流体不流动，可以得到中轴线上的边界条件为：

$$\left(\frac{\partial p_f}{\partial y}\right)_{y=0}=0 \tag{4.1.3}$$

相对于裂缝长度而言，沿裂缝宽度壁面处流量处处相等，所以有如下关系式：

$$\frac{K}{\mu}\left(\frac{\partial p}{\partial y}\right)_{y=\frac{W_{\mathrm{f}}}{2}}=\frac{K_{\mathrm{f}}}{\mu}\left(\frac{\partial p_{\mathrm{f}}}{\partial y}\right)_{y=\frac{W_{\mathrm{f}}}{2}} \tag{4.1.4}$$

将式(4.1.3)和式(4.1.4)代入式(4.1.2)得到：

$$\frac{\partial}{\partial x}\left(\frac{\partial p_{\mathrm{f}}}{\partial x}\right)+\frac{2K}{W_{\mathrm{f}}K_{\mathrm{f}}}\left(\frac{\partial p}{\partial y}\right)_{y=0}=\frac{\mu q_{\mathrm{sc}}}{K_{\mathrm{f}}W_{\mathrm{f}}hL_{\mathrm{ref}}}\delta(x-x_{\mathrm{w}}) \tag{4.1.5}$$

整个裂缝的总流量可以表示为：

$$\frac{Kh}{\mu}\left(\frac{\partial p}{\partial y}\right)_{x=0}=\frac{q_{\mathrm{f}}}{2} \tag{4.1.6}$$

式中　q_{f}——单位长度线流量，$\mathrm{cm^2/s}$。

裂缝末端边界条件可以写为：

$$\left(\frac{\partial p_{\mathrm{f}}}{\partial x}\right)_{x=L_{\mathrm{f}}}=0 \tag{4.1.7}$$

$$\left(\frac{\partial p_{\mathrm{f}}}{\partial x}\right)_{x=L_{\mathrm{f}}}=0 \tag{4.1.8}$$

在没有特别说明的情况下，本小节无量纲定义与第3章无量纲定义相同，对式(4.1.5)至式(4.1.8)进行 Laplace 变换得到无量纲渗流微分方程如下：

$$\begin{cases}\dfrac{\partial}{\partial x_{\mathrm{D}}}\left(\dfrac{\partial \bar{p}_{\mathrm{fD}}}{\partial x_{\mathrm{D}}}\right)+\dfrac{2}{C_{\mathrm{fD}}}\dfrac{\partial \bar{p}_{\mathrm{fD}}}{\partial y_{\mathrm{D}}}+\dfrac{2\pi}{sC_{\mathrm{fD}}}\delta(x_{\mathrm{D}}-x_{\mathrm{asmy}})=0\\ \left(\dfrac{\partial \bar{p}_{\mathrm{fD}}}{\partial x_{\mathrm{D}}}\right)_{x_{\mathrm{D}}=1}=0,\left(\dfrac{\partial \bar{p}_{\mathrm{fD}}}{\partial x_{\mathrm{D}}}\right)_{x_{\mathrm{D}}=-1}=0\\ -\dfrac{\pi}{2s}\bar{q}_{\mathrm{fD}}=\left(\dfrac{\partial \bar{p}_{\mathrm{D}}}{\partial y_{\mathrm{D}}}\right)_{y_{\mathrm{D}}=\frac{W_{\mathrm{fD}}}{2}}\end{cases} \tag{4.1.9}$$

对式(4.1.9)进行两次 Green 函数积分得到裂缝模型的解如下：

$$\bar{p}_{\mathrm{fD}}(x_{\mathrm{D}},s)=\bar{p}_{\mathrm{fDavg}}(x_{\mathrm{D}},s)+\frac{\pi}{C_{\mathrm{fD}}}\int_{-1}^{1}N(x_{\mathrm{D}},\alpha)\bar{p}_{\mathrm{fD}}(\alpha,s)\mathrm{d}\alpha-\frac{2\pi}{C_{\mathrm{fD}}}N(x_{\mathrm{D}},x_{\mathrm{asmy}}) \tag{4.1.10}$$

其中

$$N(x_{\mathrm{D}},\alpha)=\begin{cases}-\dfrac{1}{4}\left[(\alpha+1)^2+(x_{\mathrm{D}}-1)^2-\dfrac{4}{3}\right] & -1\leqslant \alpha<x_{\mathrm{D}}\\ -\dfrac{1}{4}\left[(\alpha+1)^2+(x_{\mathrm{D}}+1)^2-\dfrac{4}{3}\right] & x_{\mathrm{D}}\leqslant\alpha\leqslant 1\end{cases}$$

式中　$\bar{p}_{\mathrm{fDavg}}(x_{\mathrm{D}},s)$——无量纲平均压力；

x_{asmy}——裂缝不对称因子$(x_{\mathrm{w}}/L_{\mathrm{f}})$。

4.1.2 储层与裂缝模型耦合求解

储层模型解在第 2 章中已经给出，由于裂缝壁面处压力相等，所以有 $\bar{q}_{\mathrm{fD}}=\bar{\tilde{q}}_{\mathrm{D}}$，对于单个裂缝而言，$y_{\mathrm{D}}=y_{\mathrm{wD}}$，因此，式(4.1.10)可以写为以下形式：

$$\frac{1}{2}\int_{-1}^{1}\bar{\tilde{q}}_{\mathrm{D}}(\alpha,u)\left\{K_0\left[\sqrt{u}\sqrt{(x_{\mathrm{D}}-\alpha)^2}\right]+B_{\mathrm{out}}I_0\left[\sqrt{u}\sqrt{(x_{\mathrm{D}}-\alpha)^2}\right]\right\}\mathrm{d}\alpha$$

$$=\bar{p}_{\mathrm{fDavg}}(x_{\mathrm{D}},s)+\frac{\pi}{C_{\mathrm{fD}}}\int_{-1}^{1}N(x_{\mathrm{D}},\alpha)\bar{q}_{\mathrm{fD}}(\alpha,s)\mathrm{d}\alpha-\frac{2\pi}{C_{\mathrm{fD}}}N(x_{\mathrm{D}},x_{\mathrm{asmy}}) \tag{4.1.11}$$

式中　B_{out}——侧向外边界条件，B_{out} 取值为 0、$\frac{K_1(\sqrt{u}r_{\mathrm{eD}})}{I_1(\sqrt{u}r_{\mathrm{eD}})}$、$-\frac{K_0(\sqrt{u}r_{\mathrm{eD}})}{I_0(\sqrt{u}r_{\mathrm{eD}})}$时，分别代表顶底封闭，侧向无限大、圆形封闭和圆形定压三种外边界。

然而，式(4.1.11)仅仅是不对称缝的半解析解，为了获得其定产生产条件下的压力解，需要对含有积分的表达式进行离散，将裂缝划分为 N 个单元格。

为了提高计算速度和计算准确度，需要对网格进行不等距划分(图 4.1.3)，其不等距划分的依据是：在井底附近，流动阻力大，单位网格内流量变化快，因此，在划分网格时，在井筒附近网格划分的密，在远离井筒的地方，网格稀疏。

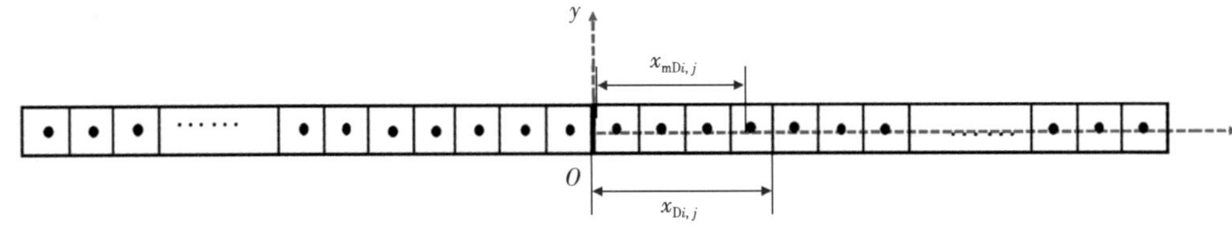

图 4.1.3　网格离散示意图

因此，基于上述网格离散示意图，网格端点坐标可以表示为：

$$x_{\mathrm{D}i}=\begin{cases}\dfrac{\lg\left[a_{\mathrm{L}}{}^{x_{\mathrm{asmy}}}+\Delta L_{\mathrm{L}}(N_{\mathrm{L}}-i+1)\right]}{\lg a_{\mathrm{L}}},(1\leqslant i\leqslant N_{\mathrm{L}}+1)\\[2ex]\dfrac{-\lg\left[a_{\mathrm{R}}{}^{-x_{\mathrm{asmy}}}+\Delta L_{\mathrm{R}}(i-N_{\mathrm{L}}-1)\right]}{\lg a_{\mathrm{R}}},(N_{\mathrm{L}}+2\leqslant i\leqslant N)\end{cases} \tag{4.1.12}$$

网格中点坐标可以写为：

$$x_{\mathrm{mD}i}=\frac{x_{\mathrm{D}i}+x_{\mathrm{D}i+1}}{2} \tag{4.1.13}$$

其中

$$\beta=\frac{1+x_{\mathrm{asmy}}}{1-x_{\mathrm{asmy}}};N_{\mathrm{L}}=\frac{\beta}{1+\beta}N;N_{\mathrm{L}}+N_{\mathrm{R}}=N;\Delta L_{\mathrm{L}}=\frac{a_{\mathrm{L}}^{-1}-a_{\mathrm{L}}{}^{x_{\mathrm{asmy}}}}{N_{\mathrm{L}}};\Delta L_{\mathrm{R}}=\frac{a_{\mathrm{R}}^{-1}-a_{\mathrm{R}}{}^{-x_{\mathrm{asmy}}}}{N_{\mathrm{R}}}$$

式中　β——左侧长度与右侧长度的比值；

N_{L}——裂缝左侧网格数；

N_{R}——裂缝右侧网格数；

ΔL_{L}——裂缝左侧网格步长，cm；

ΔL_{R}——裂缝右侧网格步长，cm；

a_{L}——井筒左侧裂缝网格步长底数；

a_{R}——井筒右侧裂缝网格步长底数。

式(4.1.11)经过离散后可以表示为如下形式：

$$\left\{\begin{array}{l}\dfrac{1}{2}\left[\begin{array}{l}\displaystyle\sum_{j=1}^{N+1}\int_{x_{\mathrm{D}j}}^{x_{\mathrm{D}(j+1)}}\bar{\tilde{q}}_{\mathrm{D}j}K_0(\sqrt{u}\,|x_{\mathrm{mD}i}+\alpha|)\,\mathrm{d}\alpha\\ \displaystyle+\sum_{j=N+2}^{2N}\int_{x_{\mathrm{D}j}}^{x_{\mathrm{D}(j+1)}}\bar{\tilde{q}}_{\mathrm{D}j}K_0(\sqrt{u}\,|x_{\mathrm{mD}i}-\alpha|)\,\mathrm{d}\alpha\end{array}\right]\\ \displaystyle-\frac{\pi}{C_{\mathrm{fD}}}\sum_{j=1}^{N}\bar{\tilde{q}}_{\mathrm{D}j}\int_{x_{\mathrm{D}j}}^{x_{\mathrm{D}j+1}}N(x_{\mathrm{mD}i},\alpha)\,\mathrm{d}\alpha+\frac{2\pi}{C_{\mathrm{fD}}}N(x_{\mathrm{mD}i},x_{\mathrm{asmy}})\end{array}\right\}-\bar{p}_{\mathrm{fDavg}}=0 \tag{4.1.14}$$

根据辅助方程：

$$\frac{1}{2}\sum_{j=1}^{2N}\bar{\tilde{q}}_{\mathrm{D}j}\Delta x=\frac{1}{s} \tag{4.1.15}$$

以上方程有 $2N+1$ 个未知数，通过这 $2N+1$ 个方程得到 $2N+1$ 个未知数，将求得的无量纲平均压力 $\bar{p}_{\mathrm{fDavg}}$ 反代入式(4.1.10)取 $x_{\mathrm{D}}=x_{\mathrm{asym}}$，可以求得压裂井不对称裂缝井底压力解。

4.2　直井压裂井多翼裂缝试井模型建立与求解

实际对直井压裂过程中，往往在直井周围形成多条不同走向的压裂裂缝，压裂裂缝与压裂裂缝之间存在一定的夹角且每条裂缝的长度不相等，由于多条压裂裂缝之间存在相互干扰，这种干扰对压力动态曲线有很大的影响。所以，有必要对其展开深入的研究。

4.2.1　物理模型描述

无论是对直井第一次压裂还是重复压裂，由于地层各向异性的影响，裂缝走向往往是随机的。所以，直井压裂过程中井筒周围存在多条水力压裂裂缝，压裂裂缝与压裂裂缝之间存在一定的夹角，并且每条裂缝的长度不相等，其他假设条件与前者相同。物理模型如图 4.2.1 所示。

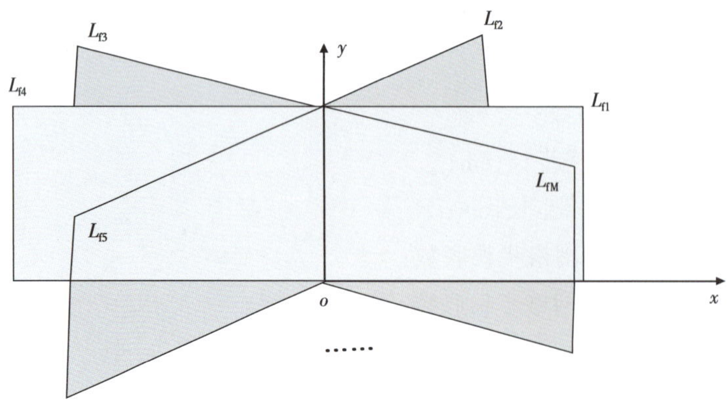

图 4.2.1　多翼裂缝模型示意图

4.2.2　储层数学模型的建立与求解

为了研究多翼裂缝井底压力解，首先，取多翼裂缝的一翼作为研究对象[40-44]，建立裂缝渗流微分方程并求解。储层中任意一条缝几何关系如图 4.2.2 所示。

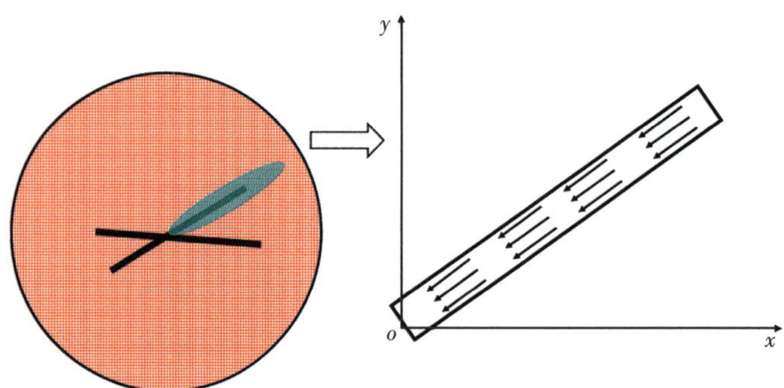

图 4.2.2　单翼裂缝模型示意图

为了计算方便，将直角坐标转化为局部极坐标，使得裂缝沿着极坐标方向延伸。坐标旋转和坐标转化如图 4.2.3 所示。

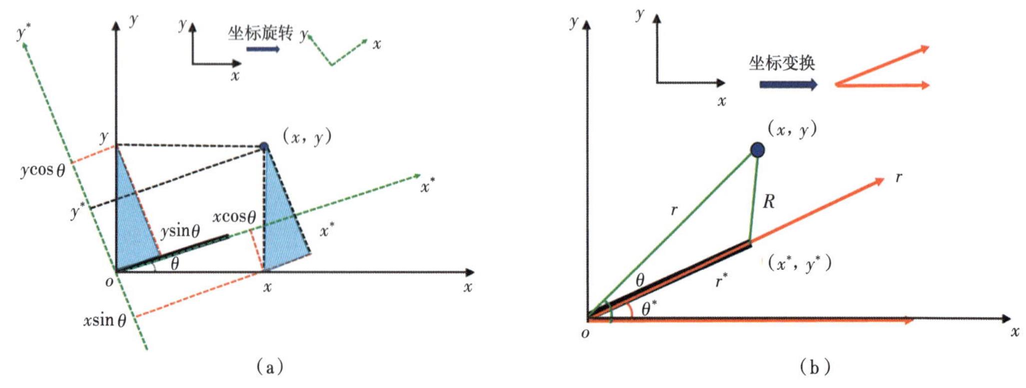

图 4.2.3　坐标变换示意图

根据图 4.2.3 所给的几何关系，对于第 i 条缝，坐标旋转前后的关系可以用下列矩阵表示：

$$\begin{bmatrix} x_{\mathrm{D}i}^* \\ y_{\mathrm{D}i}^* \end{bmatrix} = \begin{bmatrix} \cos\theta_i & \sin\theta_i \\ -\sin\theta_i & \cos\theta_i \end{bmatrix} \times \begin{bmatrix} x_{\mathrm{D}i} \\ y_{\mathrm{D}i} \end{bmatrix} \tag{4.2.1}$$

根据第 1 章所给的点源解，对点源解进行积分，得到 x^*-y^* 坐标系统下的均匀流量面源解：

$$\bar{p}_{\mathrm{D}i} = \int_{x_{\mathrm{wD}i}^*-L_{\mathrm{fD}i}/2}^{x_{\mathrm{wD}i}^*+L_{\mathrm{fD}i}/2} \bar{q}_{\mathrm{D}i} \begin{Bmatrix} K_0\left[\sqrt{u}\sqrt{(x_{\mathrm{D}}^*-\alpha)^2+(y_{\mathrm{D}}^*-y_{\mathrm{wD}}^*)^2}\right]+ \\ B_{\mathrm{out}} I_0\left[\sqrt{u}\sqrt{(x_{\mathrm{D}}^*-\alpha)^2+(y_{\mathrm{D}}^*-y_{\mathrm{wD}}^*)^2}\right] \end{Bmatrix} \mathrm{d}\alpha \tag{4.2.2}$$

根据图 4.2.36 几何关系，任意一点 (x,y) 距离任意位置 (x^*,y^*) 处的距离为 R，有以下关系表达式：

$$R^2 = r^2 + r^{*2} - 2rr^*(\cos\theta\cos\theta^* + \sin\theta\sin\theta^*) \tag{4.2.3}$$

式中　$x_{\mathrm{D}i}^*, y_{\mathrm{D}i}^*$——第 i 条缝坐标变换后的坐标位置；

θ^*——坐标变换后新的坐标系统中计算点与 x^* 的夹角，(°)；

θ_i——第 i 条缝与原始坐标 x 轴的夹角，(°)。

其中

$$R^2 = (x-x^*)^2 + (y-y^*)^2$$

$$\sin\theta^* = \frac{y^*}{r^*}$$

$$\cos\theta^* = \frac{x^*}{r^*}$$

$$\sin\theta = \frac{y}{r}$$

$$\cos\theta = \frac{x}{r}$$

$$r^2 = x^2 + y^2$$

$$r^{*2} = x^{*2} + y^{*2}$$

基于直角坐标和极坐标之间的转化关系，式(4.2.2)可以改写为极坐标下的表达式，根据压降叠加原理，M 条压裂裂缝总的无量纲压降为：

$$\bar{p}_{\mathrm{D}} = \sum_{i=1}^{M} \frac{1}{L_{\mathrm{fD}i}} \int_0^{L_{\mathrm{fD}i}} \bar{q}_{\mathrm{D}i} \begin{Bmatrix} K_0\left[\sqrt{s}\sqrt{r_{\mathrm{D}}^2+\alpha^2-2r_{\mathrm{D}}\alpha\cos(\theta-\theta_i)}\right]+ \\ B_{\mathrm{out}} I_0\left[\sqrt{s}\sqrt{r_{\mathrm{D}}^2+\alpha^2-2r_{\mathrm{D}}\alpha\cos(\theta-\theta_i)}\right] \end{Bmatrix} \mathrm{d}\alpha \tag{4.2.4}$$

4.2.3　裂缝数学模型的建立与求解

为了更好地描述流体在裂缝中的流动特征，在新的坐标系统(x^*—y^*)下建立第 i 条裂缝渗流微分方程：

$$\frac{\partial}{\partial x_i^*}\left[\frac{\partial p_f(x_i^*,y_i^*,t)}{\partial x_i^*}\right]+\frac{\partial}{\partial y_i^*}\left[\frac{\partial p_f(x_i^*,y_i^*,t)}{\partial y_i^*}\right]=\frac{\mu\phi C_t}{K_f}\frac{\partial p_f(x_i^*,y_i^*,t)}{\partial t}$$

$$0<x_i^*<L_{fi},\ -\frac{W_f}{2}<y_i^*<\frac{W_f}{2} \tag{4.2.5}$$

由于裂缝体积很小，因此，裂缝的压缩性可以被忽略，因而，式（4.2.5）可以写为：

$$\frac{\partial}{\partial x_i^*}\left(\frac{\partial p_f(x_i^*,y_i^*,t)}{\partial x_i^*}\right)+\frac{\partial}{\partial y_i^*}\left(\frac{\partial p_f(x_i^*,y_i^*,t)}{\partial y_i^*}\right)=0$$

$$0<x_i^*<L_{fi},\ -\frac{W_f}{2}<y_i^*<\frac{W_f}{2} \tag{4.2.6}$$

针对水力压开缝来讲，其裂缝宽度很小，因此，在 y 方向对式（4.2.6）进行积分平均处理，式（4.2.6）可以写为：

$$\frac{\partial}{\partial x_i^*}\left[\frac{\partial p_f(x_i^*,y_i^*,t)}{\partial x_i^*}\right]+\frac{1}{W_f}\left\{\left[\frac{\partial p_f(x_i^*,y_i^*,t)}{\partial y_i^*}\right]_{y_i^*=\frac{W_f}{2}}-\left[\frac{\partial p_f(x_i^*,y_i^*,t)}{\partial y_i^*}\right]_{y_i^*=\frac{W_f}{2}}\right\}=0 \tag{4.2.7}$$

根据质量守恒原则，裂缝表面条件可以写为：

$$\frac{K_f}{\mu}\left[\frac{\partial p_f(x_i^*,y_i^*,t)}{\partial y_i^*}\right]_{y_i^*=\pm\frac{W_f}{2}}=\frac{K}{\mu}\left[\frac{\partial p(x_i^*,y_i^*,t)}{\partial y_i^*}\right]_{y_i^*=\pm\frac{W_f}{2}} \tag{4.2.8}$$

将式（4.2.7）代入式（4.2.8）可以得到：

$$\frac{\partial}{\partial x_i^*}\left[\frac{\partial p_f(x_i^*,y_i^*,t)}{\partial x_i^*}\right]+\frac{K}{W_fK_f}\left\{\left[\frac{\partial p(x_i^*,y_i^*,t)}{\partial y_i^*}\right]_{y_i^*=\frac{W_f}{2}}-\left[\frac{\partial p(x_i^*,y_i^*,t)}{\partial y_i^*}\right]_{y_i^*=\frac{W_f}{2}}\right\}=0 \tag{4.2.9}$$

第 i 条裂缝中单位长度流量可以表示为：

$$q_f(x_i^*,t)=\frac{Kh}{\mu}\left\{\left[\frac{\partial p(x_i^*,y_i^*,t)}{\partial y_i^*}\right]_{y_i^*=\frac{W_f}{2}}-\left[\frac{\partial p(x_i^*,y_i^*,t)}{\partial y_i^*}\right]_{y_i^*=\frac{W_f}{2}}\right\} \tag{4.2.10}$$

将式（4.2.10）代入式（4.2.9）得到：

$$\frac{\partial}{\partial x_i^*}\left[\frac{\partial p_f(x_i^*,y_i^*,t)}{\partial x_i^*}\right]+\frac{\mu}{hW_fK_f}q_f(x_i^*,t)=0 \tag{4.2.11}$$

第 i 条裂缝产生的总流量为：

$$Q_{\mathrm{f}i}=\frac{K_{\mathrm{f}}}{\mu}hW_{\mathrm{f}}\left.\frac{\partial p_{\mathrm{f}}(x_i^*,y_i^*,t)}{\partial x_i^*}\right|_{x_i^*=0}\tag{4.2.12}$$

其中

$$Q_{\mathrm{f}i}=\int_0^{L_{\mathrm{f}i}}q_{\mathrm{f}i}(x_i^*,t)\,\mathrm{d}x_i^*$$

M 条裂缝产生的总流量为：

$$\sum_{i=1}^{M}Q_{\mathrm{f}i}=q_{\mathrm{sc}}\tag{4.2.13}$$

在裂缝末端，相对于裂缝来说流体不流动，因此有以下表达式：

$$\left[\frac{\partial p_{\mathrm{f}}(x_i^*,y_i^*,t)}{\partial x_i^*}\right]_{x_i^*=L_{\mathrm{f}i}}=0\tag{4.2.14}$$

该模型中所用到的无量纲定义如下：

$$x_{\mathrm{D}i}^*=\frac{x_i^*}{L_{\mathrm{ref}}};y_{\mathrm{D}i}^*=\frac{y_i^*}{L_{\mathrm{ref}}};q_{\mathrm{fD}}=\frac{q_{\mathrm{f}}}{q_{\mathrm{sc}}};Q_{\mathrm{fD}}=\frac{Q_{\mathrm{f}}}{q_{\mathrm{sc}}};q_{\mathrm{D}}=\frac{q}{q_{\mathrm{sc}}}$$

如果没有特别说明，其余无量纲定义与前者相同。

式中　K_{f}——压裂裂缝渗透率，D；

K——储层渗透率，D；

L_{ref}——参考长度，cm；

L_{f}——裂缝长度，cm；

$q_{\mathrm{f}i}$—第 i 条裂缝单位长度裂缝流量，cm^2/s；

q_i—第 i 条裂缝单位长度储层流量，cm^2/s；

$Q_{\mathrm{f}i}$—第 i 条裂缝总流量，cm^3/s；

q_{sc}—生产总流量，cm^3/s。

式(4.2.11)至式(4.2.14)在 Laplace 空间的无量纲表达式为：

$$\frac{\partial}{\partial x_{\mathrm{D}i}^*}\left(\frac{\partial\bar{p}_{\mathrm{fD}}(x_{\mathrm{D}i}^*,x_{\mathrm{D}i}^*,s)}{\partial x_{\mathrm{D}i}^*}\right)-\frac{2\pi}{L_{\mathrm{fD}i}C_{\mathrm{fD}}}\bar{q}_{\mathrm{fD}i}(x_{\mathrm{D}i}^*,s)=0\tag{4.2.15}$$

$$\left.\frac{\partial\bar{p}_{\mathrm{fD}i}(x_{\mathrm{D}i}^*,y_{\mathrm{D}i}^*,s)}{\partial x_{\mathrm{D}i}^*}\right|_{x_{\mathrm{D}i}^*=0}=-\frac{2\pi}{sC_{\mathrm{fD}}}=Q_{\mathrm{fD}i}\qquad\bar{Q}_{\mathrm{fD}i}=\int_0^{L_{\mathrm{fD}i}}q_{\mathrm{fD}i}(x_{\mathrm{D}i}^*,s)\,\mathrm{d}x_{\mathrm{D}i}^*\tag{4.2.16}$$

$$\sum_{i=1}^{M}\bar{Q}_{\mathrm{fD}i}=\frac{1}{s}\tag{4.2.17}$$

$$\left(\frac{\partial p_{\mathrm{fD}}(x_{\mathrm{D}i}^*,y_{\mathrm{D}i}^*,s)}{\partial x_{\mathrm{D}i}^*}\right)_{x_{\mathrm{D}i}^*=L_{\mathrm{fD}i}}=0\tag{4.2.18}$$

根据图 4.2.3 所给的坐标关系示意图，在极坐标下式(4.2.15)至式(4.2.18)可以写为：

$$\frac{\partial}{\partial r_{\mathrm{D}i}}\left[\frac{\partial \bar{p}_{\mathrm{fD}}(r_{\mathrm{D}i},\theta_i,s)}{\partial r_{\mathrm{D}i}}\right]-\frac{2\pi}{L_{\mathrm{fD}i}C_{\mathrm{fD}}}\bar{q}_{\mathrm{fD}i}(r_{\mathrm{D}i},s)=0 \tag{4.2.19}$$

$$\left.\frac{\partial \bar{p}_{\mathrm{fD}i}(r_{\mathrm{D}i},\theta_i,s)}{\partial r_{\mathrm{D}i}}\right|_{r_{\mathrm{D}i}}=-\frac{2\pi}{sC_{\mathrm{fD}}}=Q_{\mathrm{fD}i} \qquad \bar{Q}_{\mathrm{fD}i}=\int_0^{L_{\mathrm{fD}i}}\bar{q}_{\mathrm{fD}i}(r_{\mathrm{D}i},s)\,\mathrm{d}r_{\mathrm{D}i} \tag{4.2.20}$$

$$\sum_{i=1}^{M}\int_0^{L_{\mathrm{fD}i}}\bar{q}_{\mathrm{fD}i}(r_{\mathrm{D}i},s)\,\mathrm{d}r_{\mathrm{D}i}=\frac{1}{s} \tag{4.2.21}$$

$$\left(\frac{\partial \bar{p}_{\mathrm{fD}}(r_{\mathrm{D}i},\theta_i,s)}{\partial r_{\mathrm{D}i}}\right)_{r_{\mathrm{D}i}=L_{\mathrm{fD}i}}=0 \tag{4.2.22}$$

联立式(4.2.19)至式(4.2.22)得到最终的解为：

$$p_{\mathrm{wD}}-p_{\mathrm{fD}}(x_{\mathrm{D}},s)=\frac{2\pi}{L_{\mathrm{fD}}C_{\mathrm{fD}}}\left[x_{\mathrm{D}}\int_0^{L_{\mathrm{fD}}}\bar{q}_{\mathrm{fD}}\,\mathrm{d}x_{\mathrm{D}}-\int_0^{x_{\mathrm{D}}}\int_0^{\alpha}\bar{q}_{\mathrm{fD}}(\beta,s)\,\mathrm{d}\beta\,\mathrm{d}\alpha\right] \tag{4.2.23}$$

式(4.2.23)为 Fredholm 积分方程，直接求解较为困难，利用均匀流量思想，将每条水力裂缝分为 N 段，每段内的流量均匀分布，网格离散示意图如图 4.2.4 所示。

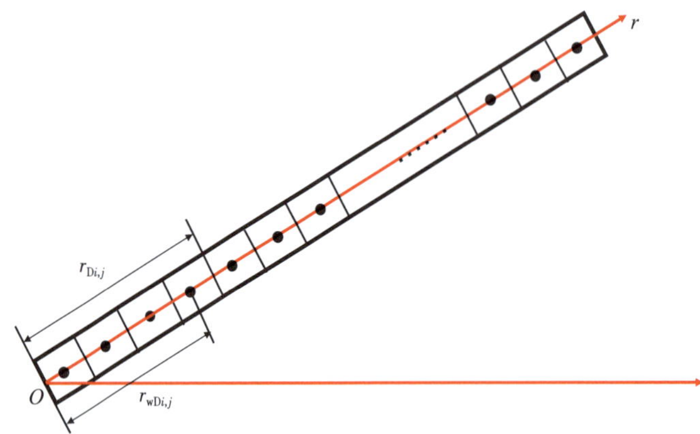

图 4.2.4 网格离散示意图

对式(4.2.23)和式(4.2.21)进行离散，得到 M 条缝 N 个网格的离散表达式如下：

$$\bar{p}_{\mathrm{vD}}-\sum_{i=1}^{M}\sum_{j=1}^{N}\int_{r_{\mathrm{wD}i,j}-\Delta r_{\mathrm{D}i}/2}^{r_{\mathrm{wD}i,j}+\Delta r_{\mathrm{D}i}/2}\bar{q}_{\mathrm{D}i,j}\left[\begin{aligned}&K_0\left(\sqrt{\mu}\sqrt{r_{\mathrm{wD}m,k}^2+\alpha^2-2r_{\mathrm{wD}m,k}\alpha\cos(\theta_m-\theta_i)}\right)+\\&B_{\mathrm{out}}\cdot I_0\left(\sqrt{\mu}\sqrt{r_{\mathrm{wD}m,k}^2+\alpha^2-2r_{\mathrm{wD}m,k}\alpha\cos(\theta_m-\theta_i)}\right)\end{aligned}\right]\mathrm{d}\alpha$$

$$=\frac{2\pi}{L_{\mathrm{fD}}C_{\mathrm{fD}}}\left[r_{\mathrm{wD}m,k}\sum_{k=1}^{N_m}\bar{q}_{\mathrm{fD}m,k}\Delta r_{\mathrm{D}m}-\frac{\Delta r_{\mathrm{D}m}^2}{8}\bar{q}_{\mathrm{fD}m,k}-\sum_{j=1}^{k-1}\bar{q}_{\mathrm{fD}m,j}(k-j)\Delta r_{\mathrm{D}m}^2\right]$$

$$1\leqslant m\leqslant M,1\leqslant k\leqslant N_i \tag{4.2.24}$$

$$\sum_{i=1}^{M}\sum_{j=1}^{N}\bar{q}_{\mathrm{fD}i}\Delta r_{\mathrm{D}i}=\frac{1}{s} \tag{4.2.25}$$

式中　$\Delta r_{\mathrm{D}i}$——第 i 条裂缝网格步长，$\Delta r_{\mathrm{D}i}=1/N_i$，整数；

$r_{\mathrm{wD}i,j}$——第 i 条缝第 j 个网格中点坐标，整数；

$r_{\mathrm{D}i,j}$—第 i 条缝第 j 个网格端点坐标，$r_{\mathrm{D}i,j}=j\Delta r_{\mathrm{D}i}-\Delta r_{\mathrm{D}i}/2$；

$\bar{q}_{\mathrm{fD}i,j}$——第 i 条缝第 j 个网格单位长度流量；

θ——裂缝与水平方向的夹角，(°)；

M——裂缝条数，整数；

N——第 i 条缝离散网格数，整数。

式(4.2.24)和式(4.2.25)构成 $M\times N+1$ 个线性方程组，含有 $M\times N+1$ 个未知数，因此，通过高斯公式求解获得井底压力解和裂缝流量。

根据 Berumen[45] 给出的不对称因子定义，不对称因子可以用下式表示：

$$x_{\mathrm{asmy}}=\frac{|L_{\mathrm{f}}(\theta)-L_{\mathrm{f}}(\theta+180°)|}{|L_{\mathrm{f}}(\theta)-L_{\mathrm{f}}(\theta+180°)|} \tag{4.2.26}$$

4.3　计算结果及影响因素分析

4.3.1　计算结果验证对比分析

图 4.3.1 为不对称有限导流垂直裂缝对比曲线图。Berumen[44] 用数值方法求解了不对称裂缝井底压力解，分析了裂缝不对称对试井曲线的影响，该方法的缺点是计算速度慢，精度差。图 4.3.1 计算了不对称因子与导流能力分别为 0.6，0.1 和 0.6，40 的压力曲线，通过

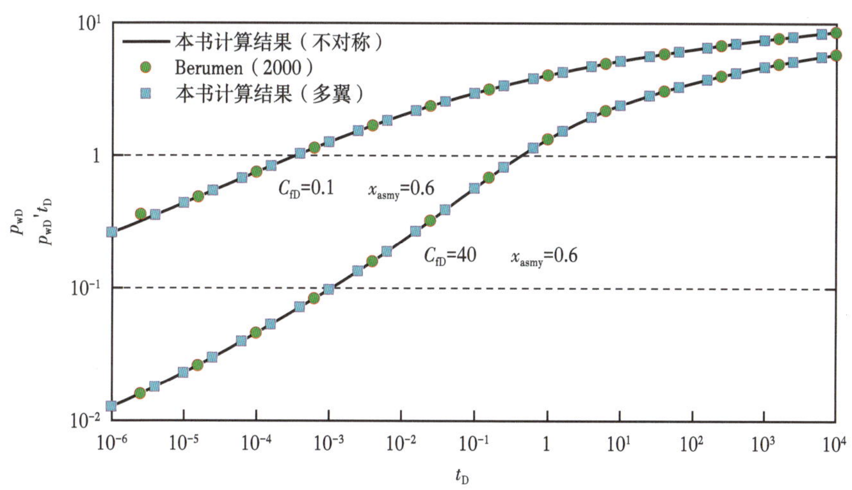

图 4.3.1　不对称直井压裂井井底压力对比图

对比可知:利用解析解与数值解得到的井底压力曲线得到了很好的拟合,验证了本文半解析解的准确性。

图 4.3.2 是利用多翼裂缝模型计算得到的双重介质油藏直井压裂井对称缝井底压力计算结果与直井压裂井 Saphir 数值解的对比。为了验证模型的可靠性,两种模型的共同参数 $C_{fD}=20$,$\lambda=0.001$, $\omega=0.001$ 取为相等,由于计算对称缝所用到的是多翼裂缝模型,因此,如果取多翼裂缝模型的裂缝条数为 2,裂缝翼的长度和夹角分别为 $L_{f1}=L_{f2}=40\text{m}$,$\theta_1=0°$, $\theta_2=180°$,多翼缝模型就简化为直井压裂井对称缝模型。而利用 Saphir 数值解计算有限导流直井压裂井对称缝时,直接取裂缝半长为 40m。从图 4.3.2 中可以看出,利用多翼裂缝模型计算得到的结果与 Saphir 数值解结果吻合,也验证了本书模型的正确性。

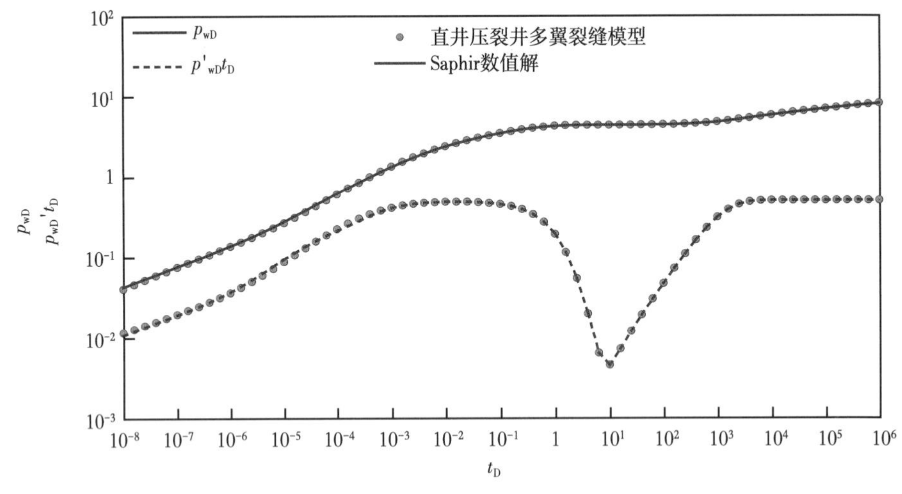

图 4.3.2　直井压裂井对比验证

4.3.2　特征曲线影响因素分析

图 4.3.3 为不同导流能力下不对称因子对试井曲线的影响。从图中可以看出,裂缝导流能力很小时,裂缝不对称对试井曲线的影响很小;随着裂缝导流能力的不断增大,线性流曲线特征比较明显,不对称因子主要影响双线性流与线性流过渡段曲线,不对称因子越大,井筒两端压裂裂缝长度比越大,流体流入井筒所需要的压力降越大,压力曲线越高。从图 4.3.3 可以看出,不同裂缝导流能力下裂缝不对称因子的影响大小不同。裂缝导流能力越大,裂缝不对称因子对曲线的影响越小,这说明不对称因子只对有限导流压裂裂缝有影响,对无限导流裂缝井底压力曲线没影响。

图 4.3.4 为裂缝夹角对试井曲线的影响。为了准确分析裂缝夹角对试井曲线的影响,假定裂缝的总长度恒定,从图中可以看出:裂缝夹角越小,早期压力和压力导数曲线越低。这主要是因为裂缝夹角越小,等产量下压力波传播的范围越小,储层中的流体流入井筒所需要的压降就越大,无量纲压力值就越大。

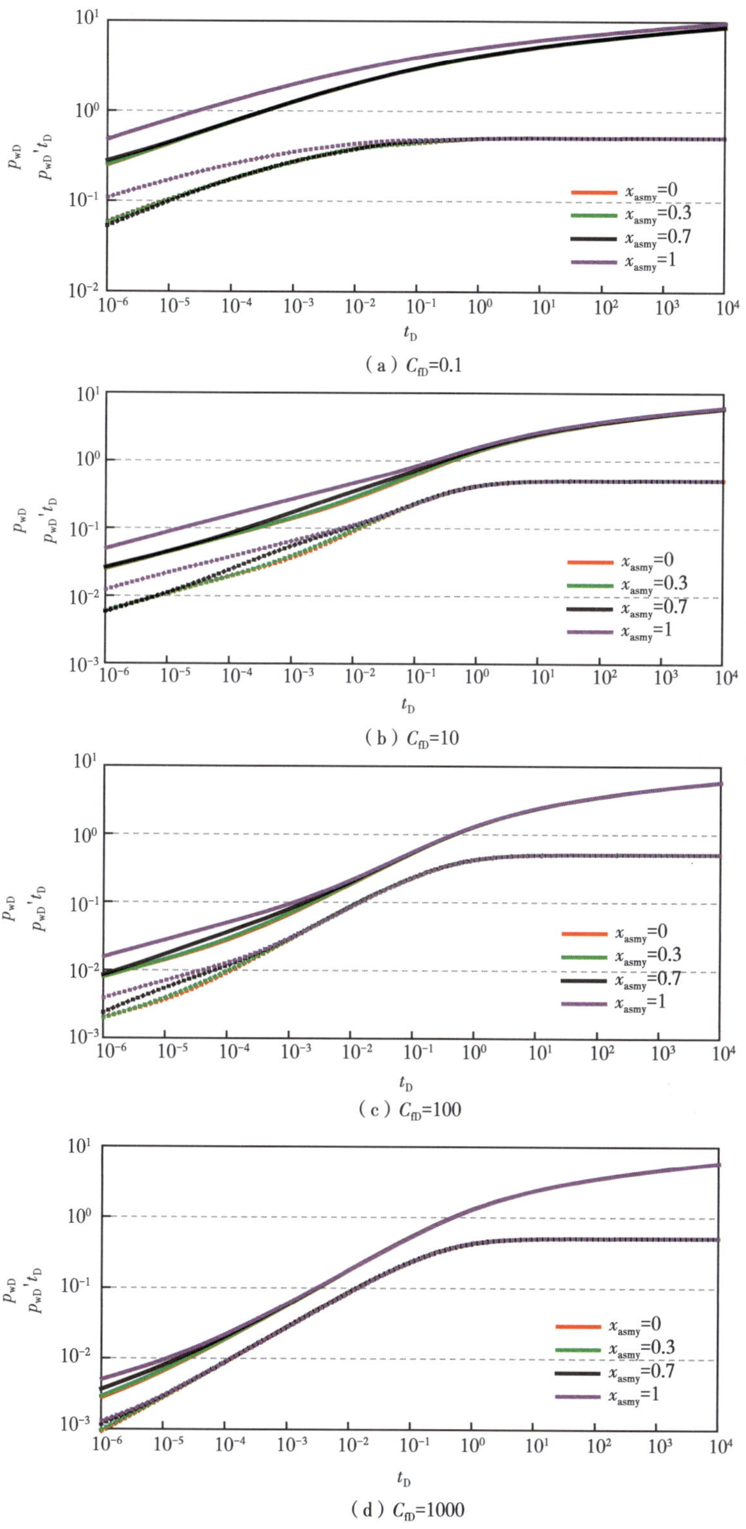

图 4.3.3　不同裂缝导流能力下不对称因子对试井曲线的影响

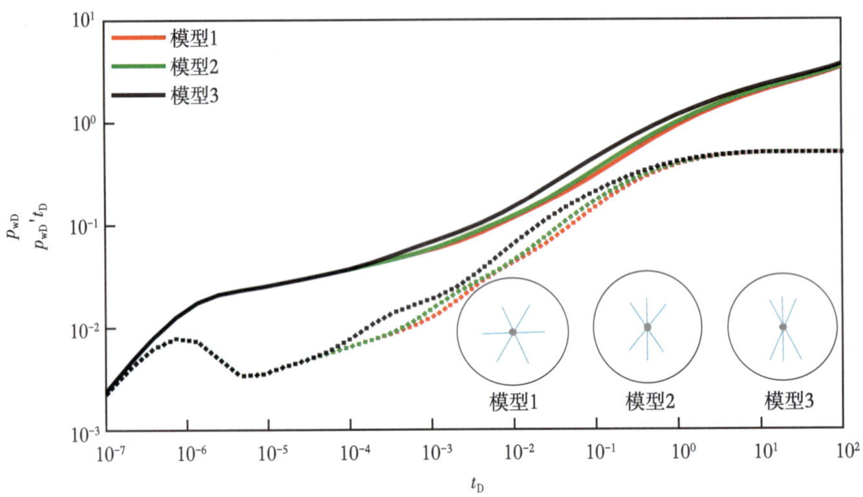

图 4.3.4　裂缝夹角对试井曲线的影响

图 4.3.5 为多翼裂缝不对称对试井曲线的影响。从图中可以看出,多翼裂缝不对称主要影响早期阶段压力和压力导数曲线形态变化,不对称因子越大,井筒两端裂缝长度比越大,流体流入井筒所需要的压降越大,双线性和线性流阶段压力和压力导数曲线越高。

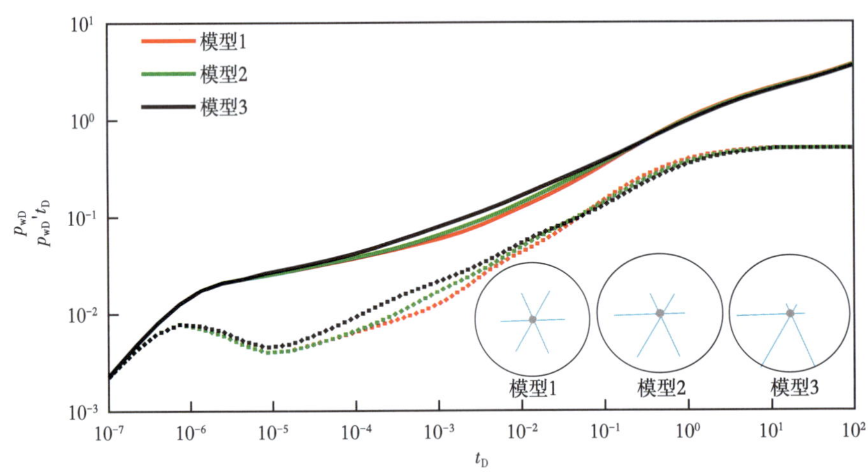

图 4.3.5　多翼裂缝不对称对试井曲线的影响

图 4.3.6 为裂缝条数对试井曲线的影响。裂缝条数越多,储层与裂缝之间的接触面积就越大,所以,裂缝条数的增加降低了井筒附近流体流动阻力,流体流入井筒的所需要的压降就越小。因此,裂缝条数越多,双线性流和线性流阶段压力曲线值越低。

图 4.3.7 为双重介质油藏窜流系数对试井曲线的影响。窜流系数是指基质向天然裂缝窜流能力的大小,窜流系数的大小只影响压力导数曲线“凹子”出现的时间,对“凹子”的宽度和深度没有影响,窜流系数越大,基质内流体就越容易向裂缝发生窜流,“凹子”出现的时间就越早。

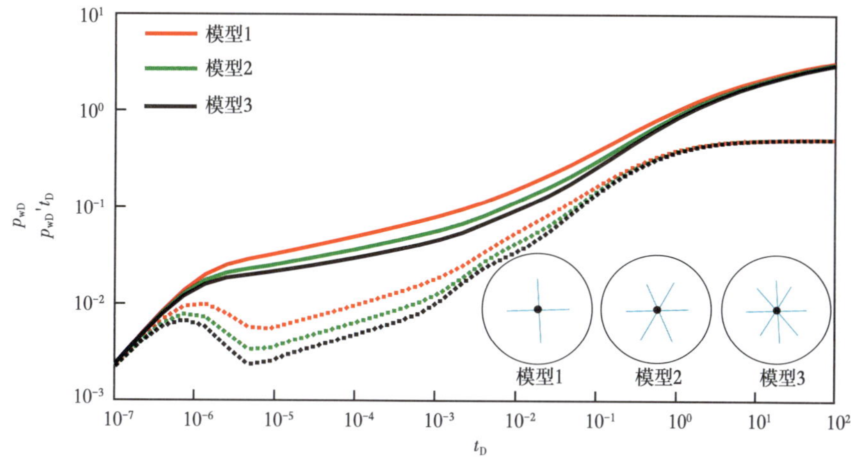

图 4. 3. 6　裂缝条数对试井曲线的影响

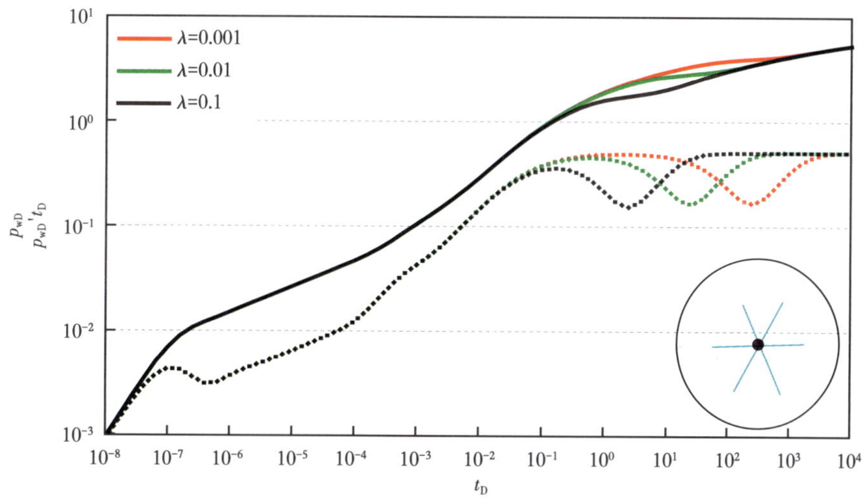

图 4. 3. 7　窜流系数对试井曲线的影响

图 4. 3. 8 为双重介质油藏弹性储容比对试井曲线的影响。弹性储容比是指基质储集流体能力的大小，弹性储容比越大，基质向裂缝窜流阶段压力导数曲线“凹子”越浅越窄，早期压力和压力导数值越小。

图 4. 3. 9 为应力敏感对试井曲线的影响。从图中可以看出，应力敏感系数只影响线性流阶段之后压力及压力导数曲线形态，应力敏感系数越大，储层渗透率下降越快，流体流动越困难，储层流体流动所需要的压降越大。因此，应力敏感系数越大，径向流阶段压力和压力导数曲线上翘幅度越大。

图 4. 3. 10 为启动压力梯度对试井曲线的影响。从图中可以看出，启动压力梯度只影响线性流阶段之后压力及压力导数曲线形态，启动压力梯度大的地层，流体开始流动消耗的地层能量越多，流体流动越困难，储层流体流动所需要的压降越大。因此，启动压力梯度越大，径向流阶段压力和压力导数曲线上翘幅度越大，压力及压力导数开始上翘的时间越早。

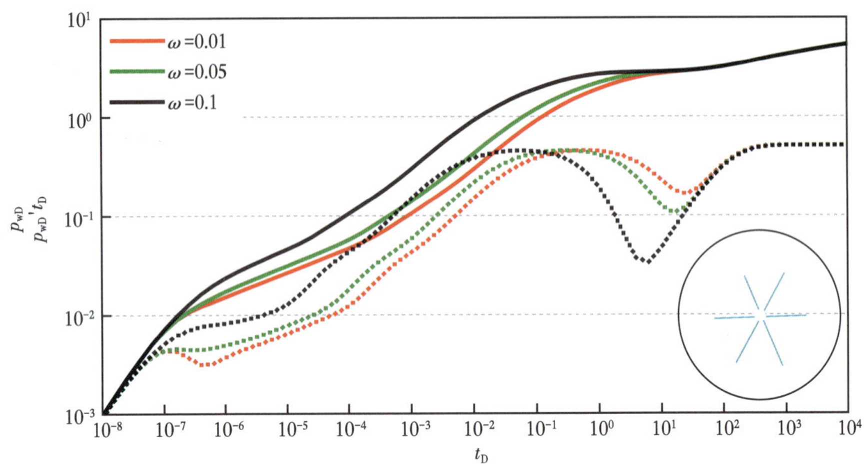

图 4.3.8　弹性储容比对试井曲线的影响

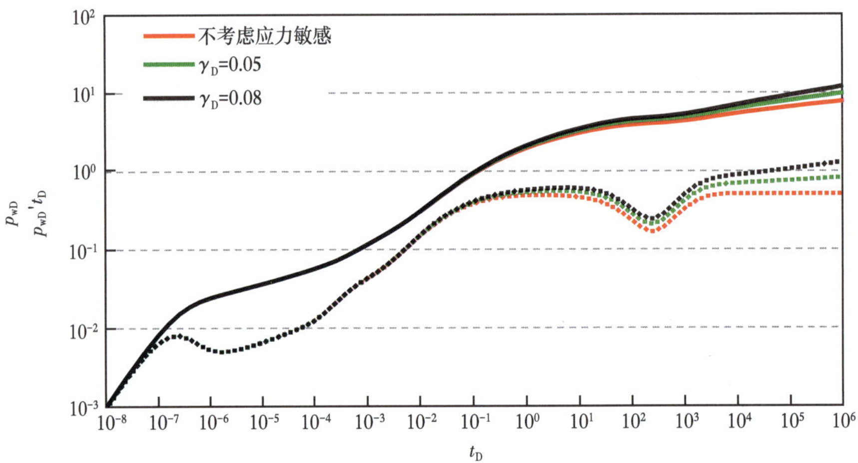

图 4.3.9　应力敏感对试井曲线的影响

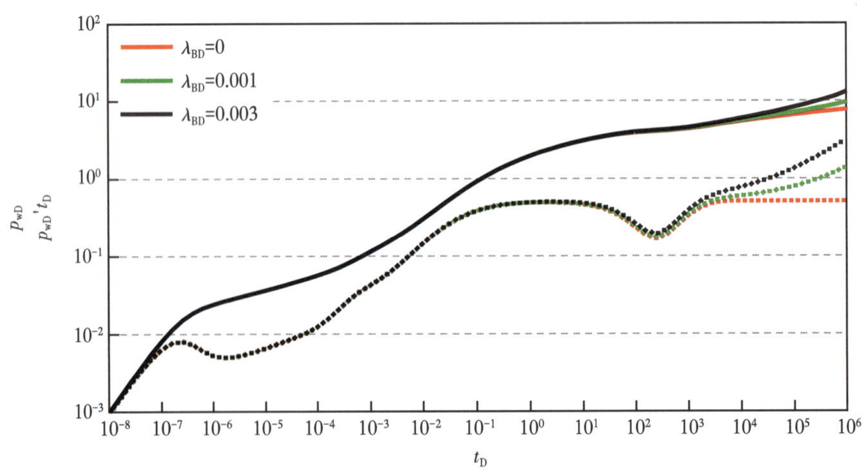

图 4.3.10　启动压力梯度对试井曲线的影响

5 径向复合非均质储层直井压裂井试井模型研究

前面几章主要围绕均质储层进行直井压裂井对称缝及多翼缝井底压力动态特征研究。然而，对于实际储层而言，井筒周围储层物性与远离井筒周围储层物性不同，形成径向复合模型。因此，本章主要研究直井压裂井径向非均质储层井底压力动态特征，首先，基于不稳定渗流理论，建立径向非均质储层不稳定渗流数学模型，获得垂直均匀流量线源解；其次，将储层模型与裂缝模型解进行耦合，得到压裂裂缝井底压力解；最后，利用 Stehfest 数值反演求的实空间井底压力解并进行流动阶段分析，分析各参数对井底压力动态特征曲线的影响。

5.1 径向复合储层物理模型

假定径向复合储层中存在一口直井压裂井，直井压裂井位于储层中心，以井筒为中心建立平面直角坐标，储层分为内区和外区，内区与外区的渗透率、孔隙度和压缩系数都不相同(图 5.1.1)。根据内区与外区不同介质储层类型，径向复合储层类型有以下四种：(1)内区均质+外区均质；(2)内区均质+外区双重介质；(3)内区双重介质+外区均质；(4)内区双重介质+外区双重介质(图 5.1.2)。

图 5.1.1 径向复合储层物理模型

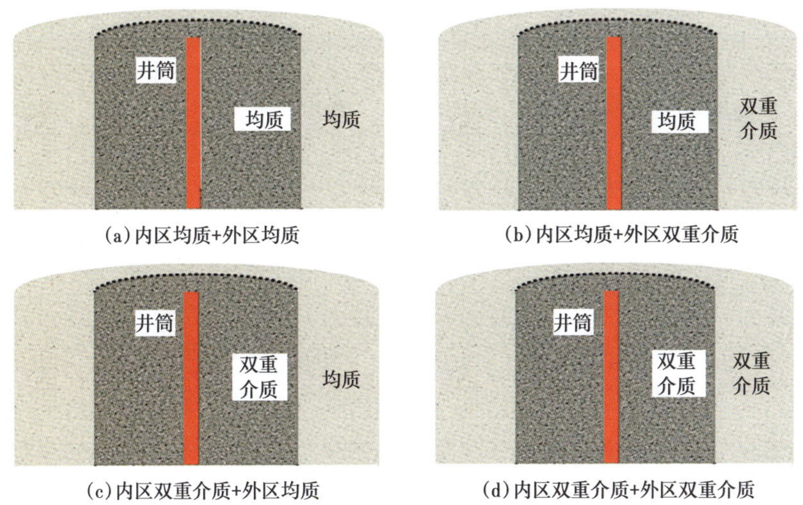

图 5.1.2 四种不同储层组合方式

为了更好地建立径向复合储层数学模型,一些基本假设条件如下:

(1)压裂井以定产量 q_{sc} 生产;

(2)内区渗透率为 K_1,孔隙度为 ϕ_1,综合压缩系数为 C_{t1};外区渗透率为 K_2,孔隙度为 ϕ_2,综合压缩系数为 C_{t2};

(3)内区半径为 R_m,流体在内区和外区中的流动满足达西渗流规律,满足等温渗流规律。

5.2 径向复合油藏线源解推导

基于上述基本假设条件分别建立内区与外区渗流微分方程,通过 Laplace 积分变换得到完全射开均匀流量垂直线源解,通过对垂直线源解积分得到均匀流量面源解,为了使所建立的模型更加通用,本次模型采用内区双重介质+外区双重介质不稳定渗流数学模型,最后通过取内区 ω_1 和外区 ω_2 等于 1 便可简化为均质储层[46-48]。

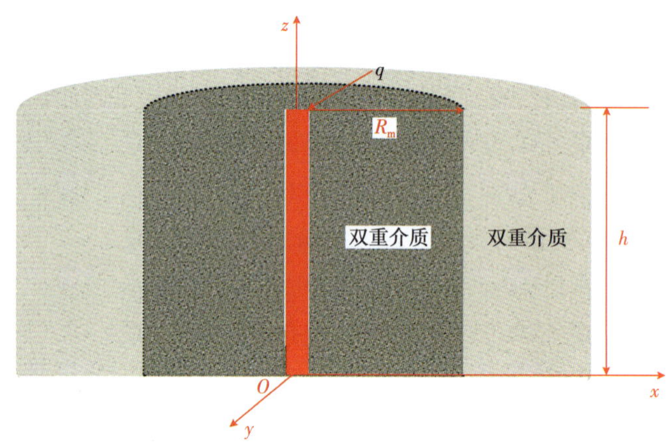

图 5.2.1 径向复合储层垂直线源物理模型

(1)内区天然裂缝系统渗流微分方程:

$$\frac{K_{f1}}{\mu}\frac{1}{r}\frac{\partial}{\partial r}\left(r\frac{\partial p_{f1}}{\partial r}\right)+q_{mf1}=\phi_{f1}C_{tf1}\frac{\partial p_{f1}}{\partial t} \tag{5.2.1}$$

(2)内区基质系统渗流微分方程:

$$-q_{mf1}=\phi_{m1}C_{tm1}\frac{\partial p_{m1}}{\partial t} \tag{5.2.2}$$

(3)内区基质到裂缝的窜流量:

$$q_{mf1}=\alpha\frac{K_{m1}}{\mu}(p_{m1}-p_{f1}) \tag{5.2.3}$$

(4)外区天然裂缝系统渗流微分方程：

$$\frac{K_{f2}}{\mu}\frac{1}{r}\frac{\partial}{\partial r}\left(r\frac{\partial p_{f2}}{\partial r}\right)+q_{mf2}=\phi_{f2}C_{tf2}\frac{\partial p_{f2}}{\partial t} \tag{5.2.4}$$

(5)外区基质系统渗流微分方程：

$$-q_{mf2}=\phi_{m2}C_{tm2}\frac{\partial p_{m2}}{\partial t} \tag{5.2.5}$$

(6) 外区基质到裂缝的窜流量：

$$q_{mf2}=\alpha\frac{K_{m2}}{\mu}(p_{m2}-p_{f2}) \tag{5.2.6}$$

(7) 垂直线源内边界条件：

$$\lim_{\varepsilon\to 0}\frac{2\pi K_{f1}h}{\mu}r\frac{\partial p_{f1}}{\partial r}\bigg|_{r=\varepsilon}=q \tag{5.2.7}$$

(8)初始时刻条件：

$$p_{f1}(r,t=0)=p_e \tag{5.2.8}$$

(9)内区与外区界面链接条件：

$$p_{f1}(R_m,t)=p_{f2}(R_m,t) \tag{5.2.9}$$

$$\frac{K_{f1}}{\mu}\frac{\partial p_{f1}(r,t)}{\partial r}\bigg|_{r=R_m}=\frac{K_{f2}}{\mu}\frac{\partial p_{f2}(r,t)}{\partial r}\bigg|_{r=R_m} \tag{5.2.10}$$

(10)外边界条件：

$$p_{f2}(r=\infty,t)=p_e \quad \text{（无限大）} \tag{5.2.11}$$

$$\frac{\partial p_{f2}(r,t)}{\partial r}\bigg|_{r=R_e}=0 \quad \text{（圆形封闭）} \tag{5.2.12}$$

$$p_{f2}(R_e,t)=p_e \quad \text{（圆形定压）} \tag{5.2.13}$$

为了方便方程求解,定义以下无量纲变量。

表 5.2.1　无量纲变量定义

无量纲变量	无量纲定义
内区无量纲压力	$p_{j1D}=\frac{2\pi K_{f1}h}{q_{sc}\mu}(p_e-p_{j1}),\ j=m,f$
外区无量纲压力	$p_{j2D}=\frac{2\pi K_{f1}h}{q_{sc}\mu}(p_e-p_{j2}),\ j=m,f$

续表

无量纲变量	无量纲定义
无量纲外区径向距离	$r_{\mathrm{D}}=\frac{r}{L_{\mathrm{ref}}}$
无量纲径向极小距离	$\varepsilon_{\mathrm{D}}=\frac{\varepsilon}{L_{\mathrm{ref}}}$
无量纲内区半径	$R_{\mathrm{mD}}=\frac{R_{\mathrm{m}}}{L_{\mathrm{ref}}}$
无量纲外边界半径	$R_{\mathrm{eD}}=\frac{R_{\mathrm{e}}}{L_{\mathrm{ref}}}$
无量纲线流量	$q_{\mathrm{D}}=\frac{q}{q_{\mathrm{sc}}}$
无量纲时间	$t_{\mathrm{D}}=\frac{K_{\mathrm{f1}}}{(\phi_{\mathrm{f1}}C_{\mathrm{tf1}}+\phi_{\mathrm{m1}}C_{\mathrm{tm1}})\mu L_{\mathrm{ref}}^2}t$
窜流系数	$\lambda_i=\alpha\frac{K_{\mathrm{m}i}}{K_{\mathrm{f}i}}L_{\mathrm{ref}}^2,i=1,2$
弹性储容比	$\omega_i=\frac{\phi_{\mathrm{f}i}C_{\mathrm{tf}i}}{\phi_{\mathrm{f}i}C_{\mathrm{tf}i}+\phi_{\mathrm{m}i}C_{\mathrm{tm}i}},i=1,2$
流度比	$M_{12}=\frac{K_{\mathrm{f1}}}{K_{\mathrm{f2}}}\frac{\mu_1}{\mu_2}$
内外区导压系数流度比	$\eta_{12}=\frac{K_{\mathrm{f1}}}{K_{\mathrm{f2}}}\frac{(\phi_{\mathrm{f1}}C_{\mathrm{tf1}}+\phi_{\mathrm{m1}}C_{\mathrm{tm1}})}{(\phi_{\mathrm{f2}}C_{\mathrm{tf2}}+\phi_{\mathrm{m2}}C_{\mathrm{tm2}})}$

式中 ϕ_{m1}——内区基质孔隙度；

ϕ_{m2}——外区基质孔隙度；

ϕ_{f1}——内区裂缝孔隙度；

ϕ_{f2}——外区裂缝孔隙度；

K_{m1}——内区基质渗透率，D；

K_{m2}——外区基质渗透率，D；

K_{f1}——内区裂缝渗透率，D；

K_{f2}——外区裂缝渗透率，D；

p_{f1}——内区裂缝系统压力，atm；

p_{f2}——外区裂缝系统压力，atm；

p_{m1}——内区基质系统压力，atm；

p_{m2}——内区基质系统压力，atm；

μ——流体黏度，mPa · s；

q——单位线流量密度，cm^2/s；

t——生产时间，s；

q_{sc}——定产生产产量，cm^3/s。

基于上述无量纲变量的定义，式(5.2.1)至式(5.2.13)的无量纲表达式为：

$$\begin{cases} \dfrac{1}{r_D}\dfrac{\partial}{\partial r_D}\left(r_D\dfrac{\partial p_{f1D}}{\partial r_D}\right)=\omega_1\dfrac{\partial p_{f1D}}{\partial t_D}+(1-\omega_1)\dfrac{\partial p_{m1D}}{\partial t_D} \\ -\lambda_1(p_{m1D}-p_{f1D})=(1-\omega_1)\dfrac{\partial p_{m1D}}{\partial t_D} \\ \dfrac{1}{r_D}\dfrac{\partial}{\partial r_D}\left(r_D\dfrac{\partial p_{f2D}}{\partial r_D}\right)=\omega_2\eta_{12}\dfrac{\partial p_{f2D}}{\partial t_D}+(1-\omega_2)\eta_{12}\dfrac{\partial p_{m2}}{\partial t_D} \\ -\lambda_2(p_{m2D}-p_{f2D})=(1-\omega_2)\eta_{12}\dfrac{\partial p_{m2}}{\partial t_D} \end{cases} \tag{5.2.14}$$

无量纲内边界条件

$$\lim_{\varepsilon_D\to 0} r_D\frac{\partial p_{f1}}{\partial r_D}\bigg|_{r_D=\varepsilon_D}=-q_D \tag{5.2.15}$$

无量纲初始时刻条件

$$p_{f1D}(r_D,t_D=0)=0 \tag{5.2.16}$$

无量纲内区与外区界面链接条件

$$p_{f1D}(R_{mD},t_D)=p_{f2D}(R_{mD},t_D) \tag{5.2.17}$$

$$M_{12}\frac{\partial p_{f1D}(r_D,t_D)}{\partial r_D}\bigg|_{r_D=R_{mD}}=\frac{\partial p_{f2D}(r_D,t_D)}{\partial r_D}\bigg|_{r_D=R_{mD}} \tag{5.2.18}$$

无量纲外边界条件

$$p_{f2D}(r_D=\infty,t_D)=0 \quad (\text{无限大}) \tag{5.2.19}$$

$$\frac{\partial p_{f2D}(r_D,t_D)}{\partial r_D}\bigg|_{r_D=R_{eD}}=0 \quad (\text{圆形封闭}) \tag{5.2.20}$$

$$p_{f2D}(R_{eD},t_D)=0 \quad (\text{圆形定压}) \tag{5.2.21}$$

对式(5.2.14)至式(5.2.21)关于时间进行 Laplace 变换得到：

$$\begin{cases} \dfrac{1}{r_D}\dfrac{\partial}{\partial r_D}\left(r_D\dfrac{\partial \bar{p}_{f1D}}{\partial r_D}\right)=u_1\bar{p}_{f1D} \\ \dfrac{1}{r_D}\dfrac{\partial}{\partial r_D}\left(r_D\dfrac{\partial p_{f2D}}{\partial r_D}\right)=u_2\bar{p}_{f2D} \end{cases} \tag{5.2.22}$$

其中

$$u_1=s\left[\omega_1+\frac{(1-\omega_1)\lambda_1}{\lambda_1+(1-\omega_1)s}\right]$$

$$u_2=s\left[\omega_2\eta_{12}+\frac{(1-\omega_2)\eta_{12}\lambda_1}{\lambda_2+(1-\omega_2)\eta_{12}s}\right]$$

根据系数 u_1 和 u_2 中弹性储容比的取值范围可以得到四种不同储层渗流模型。

(1)均质+均质模型：

$$\omega_1=1,\omega_2=1$$

(2)均质+双重介质模型：

$$\omega_1=1,0<\omega_2<1$$

(3)双重介质+均质模型：

$$\omega_2=1,0<\omega_1<1$$

(4)双重介质+双重介质模型：

$$0<\omega_1<1,0<\omega_2<1$$

无量纲内边界条件：

$$\lim_{\varepsilon_D\to 0} r_D\frac{\partial\bar{p}_{f1D}}{\partial r_D}\bigg|_{r_D=\varepsilon_D}=-\bar{q}_D \tag{5.2.23}$$

无量纲内区与外区界面链接条件：

$$\bar{p}_{f1D}(R_{mD},s)=\bar{p}_{f2D}(R_{mD},s) \tag{5.2.24}$$

$$M_{12}\frac{\partial\bar{p}_{f1D}(r_D,s)}{\partial r_D}\bigg|_{r_D=R_{mD}}=\frac{\partial\bar{p}_{f2D}(r_D,s)}{\partial r_D}\bigg|_{r_D=R_{mD}} \tag{5.2.25}$$

无量纲外边界条件：

$$\bar{p}_{f2D}(r_D=\infty,s)=0\quad\text{（无限大）} \tag{5.2.26}$$

$$\frac{\partial\bar{p}_{f2D}(r_D,s)}{\partial r_D}\bigg|_{r_D=R_{eD}}=0\quad\text{（圆形封闭）} \tag{5.2.27}$$

$$\bar{p}_{f2D}(R_{eD},s)=0\quad\text{（圆形定压）} \tag{5.2.28}$$

式(5.2.22)分别为内区与外区渗流微分方程，因此，内区与外区渗流微分方程的通解为：

$$\bar{p}_{f1D}=a_1K_0(r_D\sqrt{u_1})+a_2I_0(r_D\sqrt{u_1}) \tag{5.2.29}$$

$$\bar{p}_{f2D}=b_1K_0(r_D\sqrt{u_2})+b_2I_0(r_D\sqrt{u_2}) \tag{5.2.30}$$

结合外边界条件，系数 b_2 的具体表达式为：

$$b_2 = B_{out} b_1 \tag{5.2.31}$$

其中

$$B_{out} = 0 \quad (\text{无限大}) \tag{5.2.32}$$

$$B_{out} = \frac{K_1(R_{eD}\sqrt{u_2})}{I_1(R_{eD}\sqrt{u_2})} \quad (\text{圆形封闭}) \tag{5.2.33}$$

$$B_{out} = \frac{K_0(R_{eD}\sqrt{u_2})}{I_0(R_{eD}\sqrt{u_2})} \quad (\text{圆形定压}) \tag{5.2.34}$$

因此,式(5.2.30)可以重新写为:

$$\bar{p}_{f2D} = b_1 \left[K_0(r_D\sqrt{u_2}) + B_{out} I_0(r_D\sqrt{u_2}) \right] \tag{5.2.35}$$

根据界面链接条件:

$$a_1 K_0(R_{mD}\sqrt{u_1}) + a_2 I_0(R_{mD}\sqrt{u_1}) = b_1 \left[K_0(R_{mD}\sqrt{u_2}) + B_{out} I_0(R_{mD}\sqrt{u_2}) \right] \tag{5.2.36}$$

$$\frac{M_{12}\sqrt{u_1}}{\sqrt{u_2}} \left[a_1 K_1(R_{mD}\sqrt{u_1}) - a_2 I_1(R_{mD}\sqrt{u_1}) \right] = b_1 \left[K_1(R_{mD}\sqrt{u_2}) - B_{out} I_1(R_{mD}\sqrt{u_2}) \right] \tag{5.2.37}$$

对式(5.2.36)和式(5.2.37)作比值得到系数 a_1 和 b_1 的值:

$$a_2 = \frac{\chi K_1(R_{mD}\sqrt{u_1}) - K_0(R_{mD}\sqrt{u_1})}{I_0(R_{mD}\sqrt{u_1}) + \chi I_1(R_{mD}\sqrt{u_1})} a_1 \tag{5.2.38}$$

其中

$$\chi = \frac{K_0(R_{mD}\sqrt{u_2}) + B_{out} I_0(R_{mD}\sqrt{u_2})}{K_1(R_{mD}\sqrt{u_2}) - B_{out} I_1(R_{mD}\sqrt{u_2})} \frac{M_{12}\sqrt{u_1}}{\sqrt{u_2}}$$

根据内边界条件求得系数 a_1 和 a_2 的关系:

$$a_1 = \bar{q}_D \tag{5.2.39}$$

$$a_2 = \frac{\chi K_1(R_{mD}\sqrt{u_1}) - K_0(R_{mD}\sqrt{u_1})}{I_0(R_{mD}\sqrt{u_1}) + \chi I_1(R_{mD}\sqrt{u_1})} a_1 \tag{5.2.40}$$

因此,径向复合油藏垂直线源解为:

$$\bar{p}_{f1D} = \bar{q}_D \left[K_0(r_D\sqrt{u_1}) + a_2 I_0(r_D\sqrt{u_1}) \right] \tag{5.2.41}$$

5.3 径向复合油藏直井压裂井对称缝试井模型研究

5.3.1 径向复合油藏直井压裂井井底压力解

径向复合储层中心存在一口直井压裂井,裂缝假定被完全压开,压裂裂缝半径小于内区半径,流体在压裂裂缝中的流动满足达西渗流规律,径向复合储层直井压裂井对称缝物理模型示意图如图5.3.1所示。

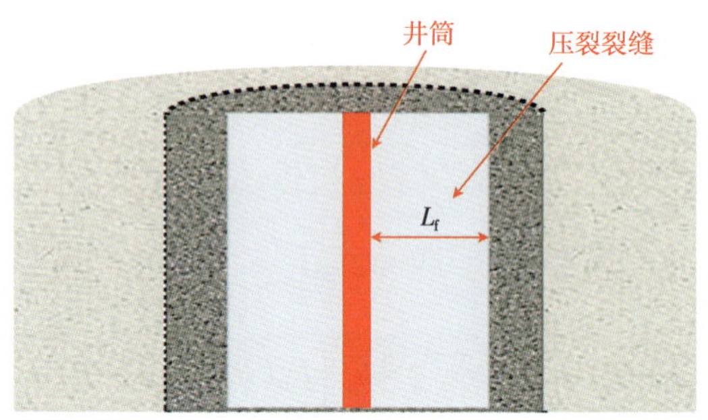

图5.3.1 径向复合油藏直井压裂井物理模型

对于对称裂缝而言,通过对式(5.2.41)沿裂缝扩展方向积分得到复合油藏均匀流量面源解。

$$s\bar{p}_{\mathrm{fD}}=\frac{1}{2L_{\mathrm{fD}}}\int_{-L_{\mathrm{fD}}}^{L_{\mathrm{fD}}}\left[K_0\left(\sqrt{(x_{\mathrm{D}}-\alpha)^2}\sqrt{u_1}\right)+a_2I_0\left(\sqrt{(x_{\mathrm{D}}-\alpha)^2}\sqrt{u_1}\right)\right]\mathrm{d}\alpha \tag{5.3.1}$$

根据Gringarten等人的研究,如果取计算点 $x_{\mathrm{D}}=0.732L_{\mathrm{fD}}$,式(5.3.1)可以等效计算径向复合油藏无限导流井底压力解。根据裂缝导流能力函数[84],径向复合油藏有限导流直井压裂井井底压力计算公式为:

$$s\bar{p}_{\mathrm{comD}}=s\bar{p}_{\mathrm{fID}}+s\bar{f}(C_{\mathrm{fD}}) \tag{5.3.2}$$

结合杜哈美原理以及叠加原理,可求得Laplace空间考虑井筒储集和表皮效应影响的无量纲井底压力:

$$\bar{p}_{\mathrm{wD}}(s)=\frac{s\bar{p}_{\mathrm{comD}}+S}{s+C_{\mathrm{D}}s^2(s\bar{p}_{\mathrm{comD}}+S)} \tag{5.3.3}$$

式中 $\bar{p}_{\mathrm{wD}}$——考虑井储和表皮影响的Laplace空间井底压力;

$\bar{p}_{\mathrm{comD}}$—径向复合油藏未考虑井储和表皮Laplace空间井底压力。

5.3.2　径向复合油藏直井压裂井井底压力解算法研究

在计算过程中发现，当内区半径变大时，导致早期井底压力解计算机无法表达（图5.3.2），因此，为了处理这个问题，对径向复合油藏井底压力解进行计算处理。

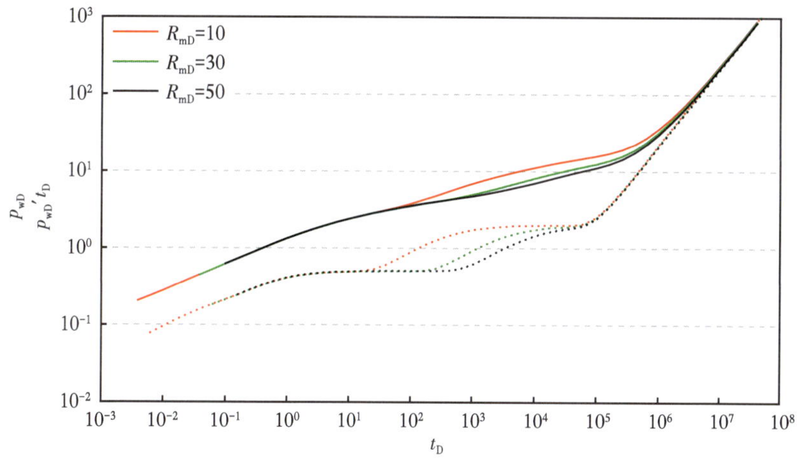

图 5.3.2　未处理之前径向复合油藏直井压裂井井底压力响应动态曲线

根据图 5.3.3 所给出的贝塞尔函数曲线可以发现，尽管当 x 比较小时，零阶和一阶第一（二）类修正贝塞尔函数曲线存在一定的差值，当 x 比较大时，零阶和一阶第一（二）类修正贝塞尔函数基本近似相等。因此，为了处理这个问题，根据零阶和一阶第一、二类修正贝塞尔函数性质可以总结以下规律：

$$K_0(x)/K_1(x)=\begin{cases}K_0(x)/K_1(x) & x\leqslant 697\\ 1 & x>697\end{cases} \tag{5.3.4}$$

$$I_1(x)/I_0(x)=\begin{cases}I_1(x)/I_0(x) & x\leqslant 697\\ 1 & x>697\end{cases} \tag{5.3.5}$$

从式（5.3.4）和（5.3.5）可以看出，当自变量 x 大于 697 时，$K_0(x)/K_1(x)$ 和 $I_1(x)/I_0(x)$ 在计算中无法表达，但是它们的极限趋近于 1（图 5.3.4 和图 5.3.5），因此，在实际计算过程中，利用式（5.3.4）和式（5.3.5）处理可以解决早期井底压力解无法表示的情形。因此，式（5.2.38）可以重新写为：

$$a_2=\frac{K_1(R_{mD}\sqrt{u_1})}{I_0(R_{mD}\sqrt{u_1})}\frac{\chi-T_0}{1+\chi T_2}a_1 \tag{5.3.6}$$

其中

$$\chi=\frac{M_{12}\sqrt{u_1}}{\sqrt{u_2}}T_1T_{out}$$

$$T_1=K_0(R_{mD}\sqrt{u_2})/K_1(R_{mD}\sqrt{u_2})$$

$$T_0 = K_0(R_{mD}\sqrt{u_1})/K_1(R_{mD}\sqrt{u_1})$$

$$T_2 = I_1(R_{mD}\sqrt{u_1})/I_0(R_{mD}\sqrt{u_1})$$

$$T_{out} = \frac{1+B_{out}T_3}{1-B_{out}T_4}$$

$$T_3 = I_0(R_{mD}\sqrt{u_2})/K_0(R_{mD}\sqrt{u_2})$$

$$T_4 = I_1(R_{mD}\sqrt{u_2})/K_1(R_{mD}\sqrt{u_2})$$

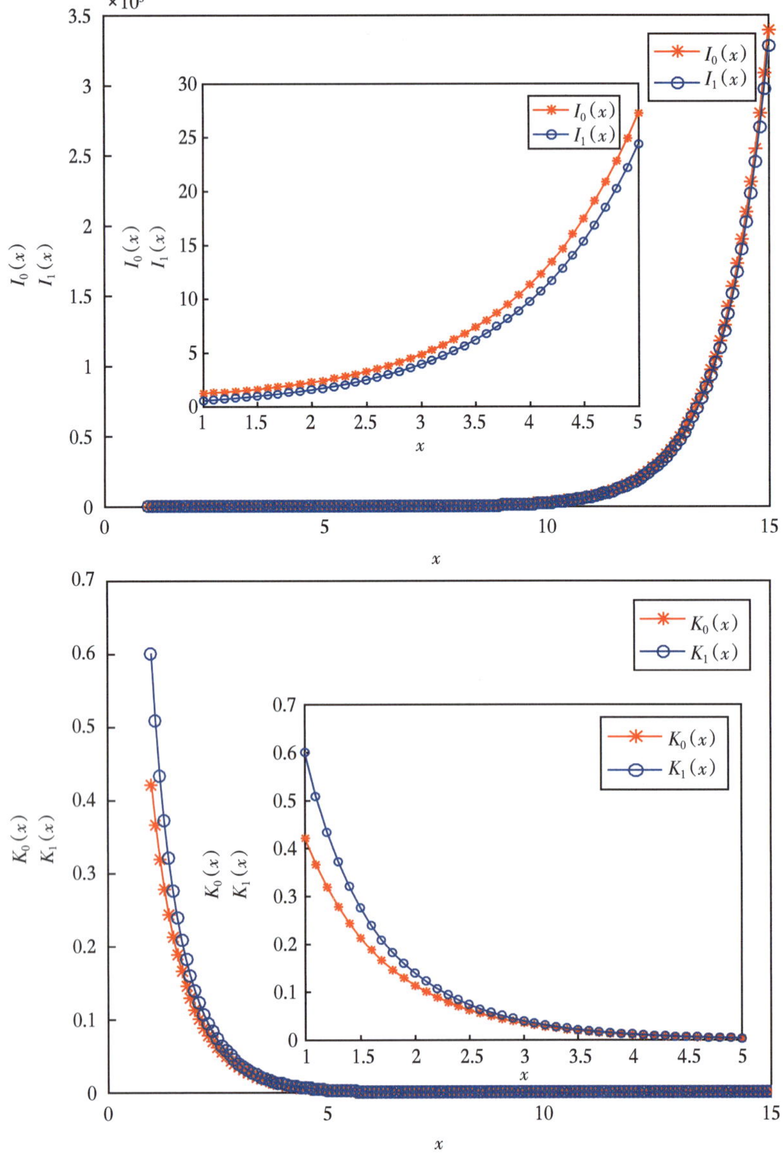

图 5.3.3　第一、二类修正贝塞尔函数

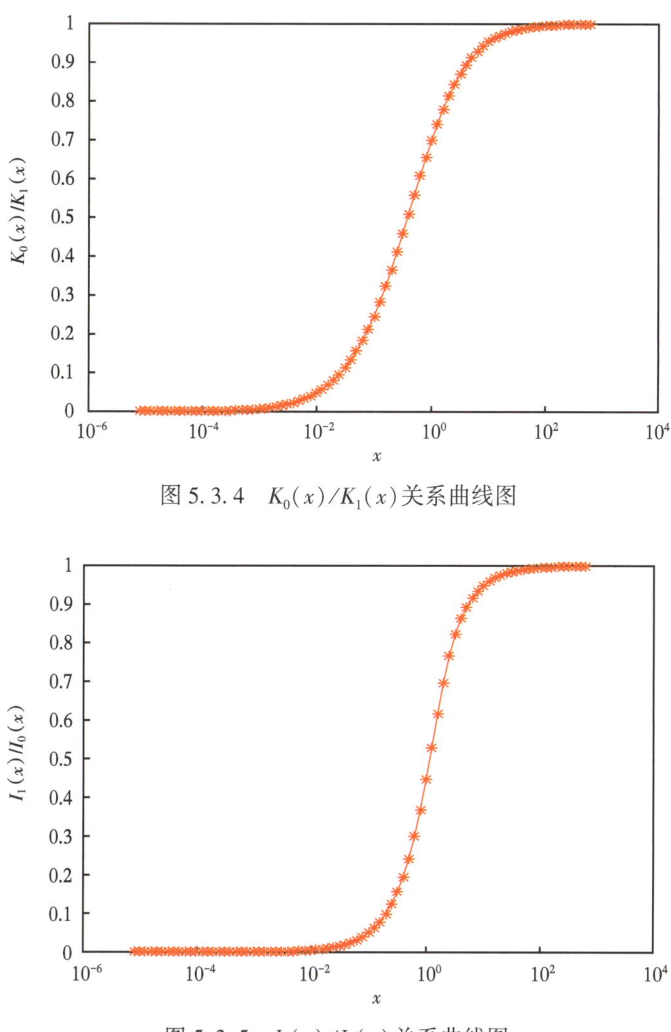

图 5.3.4 $K_0(x)/K_1(x)$关系曲线图

图 5.3.5 $I_1(x)/I_0(x)$关系曲线图

通过编程计算发现,利用式(5.3.6)依然无法计算径向复合油藏早期井底压力解,因此,通过程序调试和 Bessel 函数的基本性质可以发现以下规律:

$$I_0(x)/K_0(x)=\begin{cases}I_0(x)/K_0(x) & x\leqslant 355\\ 7.096\times 10^{307} & x>355\end{cases} \tag{5.3.7a}$$

$$I_1(x)/K_1(x)=\begin{cases}I_1(x)/K_1(x) & x\leqslant 355\\ 7.096\times 10^{307} & x>355\end{cases} \tag{5.3.7b}$$

自变量 x 与 $I_0(x)/K_0(x)$ 和 $I_1(x)/K_1(x)$ 的半对数关系曲线如图 5.3.6 和图 5.3.7 所示。

利用上述方法处理之后可以准确计算早期阶段井底压力曲线,无论内区半径取多少,都可以算出早期阶段压力曲线。处理之后得到的径向复合油藏直井压力曲线如图 5.3.8 所示[49]。

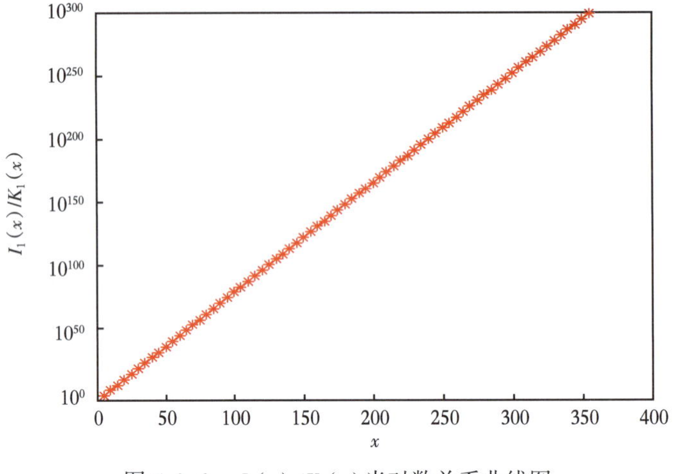

图 5.3.6 $I_1(x)/K_1(x)$半对数关系曲线图

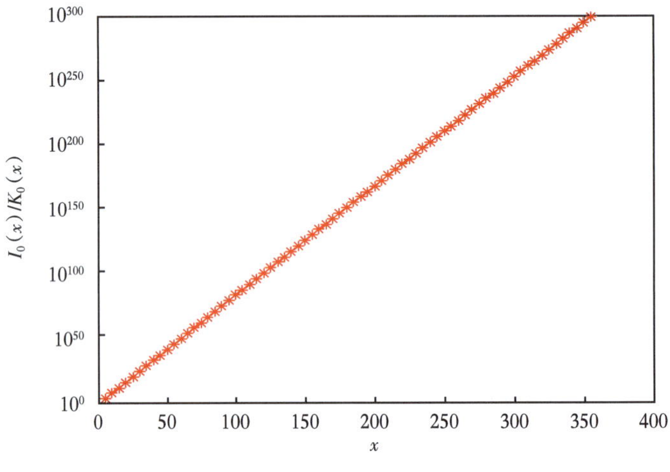

图 5.3.7 $I_0(x)/K_0(x)$半对数关系曲线图

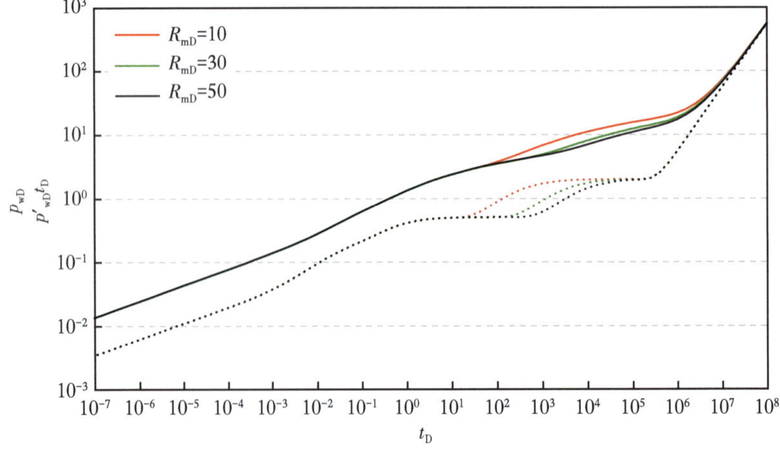

图 5.3.8 处理之后径向复合油藏直井压裂井井底压力响应动态曲线

5.4 径向复合油藏直井压裂井多翼缝试井模型研究

5.4.1 径向复合油藏直井压裂井多翼缝物理模型

直井在压裂过程中,由于地应力分布不均匀,导致部分天然裂缝被开启,形成有限导流多翼压裂裂缝。径向复合储层中多翼裂缝物理模型示意图如图 5.4.1 所示。为了更好地建立储层及裂缝数学模型,基本假设条件如下:

(1) 压裂井以定产量 q_{sc} 生产;

(2) 第 i 条压裂裂缝的流量供给为 q_i,第 i 条压裂裂缝半长为 L_{fi},第 i 条压裂裂缝与水平方向的夹角为 θ_i;

(3) 一口直井压裂井共压裂出 M 条压裂裂缝,并且每条裂缝的长度都小于内区半径;

(4) 流体在裂缝和储层中的流动满足达西渗流规律且为等温渗流。

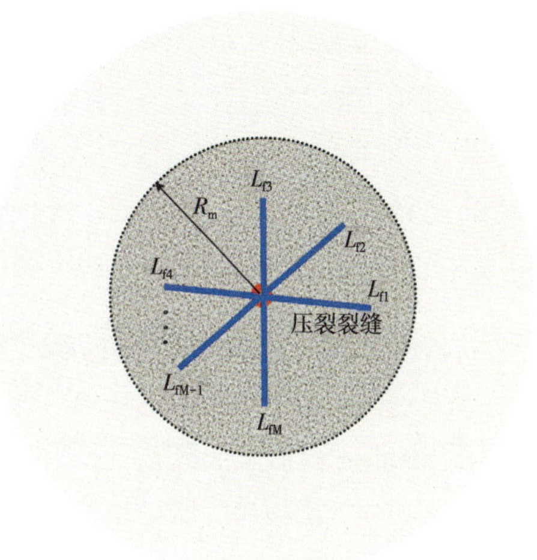

图 5.4.1 径向复合油藏直井压裂井多翼裂缝物理模型示意图

5.4.2 径向复合油藏直井压裂井多翼缝数学模型

通过对径向复合储层垂直线源进行积分得到单翼裂缝均匀流量面源解,结合第 4 章多翼缝井底压力解及第 5 章径向复合油藏垂直线源解,得到第 i 条单翼缝井底压力表达式[50]:

$$\bar{p}_{\mathrm{f1D}i} = \frac{1}{L_{\mathrm{fD}i}} \int_0^{L_{\mathrm{fD}i}} \bar{q}_{\mathrm{D}i} \left\{ \begin{array}{l} K_0\left[\sqrt{s}\sqrt{r_{\mathrm{D}}^2 + \alpha^2 - 2r_{\mathrm{D}}\alpha\cos(\theta - \theta_i)}\right] + \\ a_2 I_0\left[\sqrt{s}\sqrt{r_{\mathrm{D}}^2 + \alpha^2 - 2r_{\mathrm{D}}\alpha\cos(\theta - \theta_i)}\right] \end{array} \right\} \mathrm{d}\alpha \tag{5.4.1}$$

根据压降叠加原理,得到 M 条压裂裂缝总的压力降如下:

$$\bar{p}_{\mathrm{f1D}} = \sum_{i=1}^{M} \frac{1}{L_{\mathrm{fD}i}} \int_0^{L_{\mathrm{fD}i}} \bar{q}_{\mathrm{D}i} \left\{ \begin{array}{l} K_0\left[\sqrt{s}\sqrt{r_{\mathrm{D}}^2 + \alpha^2 - 2r_{\mathrm{D}}\alpha\cos(\theta - \theta_i)}\right] + \\ a_2 I_0\left[\sqrt{s}\sqrt{r_{\mathrm{D}}^2 + \alpha^2 - 2r_{\mathrm{D}}\alpha\cos(\theta - \theta_i)}\right] \end{array} \right\} \mathrm{d}\alpha \tag{5.4.2}$$

根据第 4 章单翼裂缝流体流动规律,得到单翼压裂裂缝模型解如下:

$$p_{\mathrm{wD}} - p_{\mathrm{f1D}}(x_{\mathrm{D}}, s) = \frac{2\pi}{L_{\mathrm{fD}} C_{\mathrm{fD}}} \left[x_{\mathrm{D}} \int_0^{L_{\mathrm{fD}}} \bar{q}_{\mathrm{fD}} \mathrm{d}x_{\mathrm{D}} - \int_0^{x_{\mathrm{D}}} \int_0^{\alpha} \bar{q}_{\mathrm{fD}}(\beta, s) \mathrm{d}\beta \mathrm{d}\alpha \right] \tag{5.4.3}$$

联立式(5.4.2)和式(5.4.3)并对裂缝进行离散得到井底压力解离散表达式:

$$\bar{p}_{\mathrm{comD}}-\sum_{i=1}^{M}\sum_{j=1}^{N}\frac{1}{\Delta r_{\mathrm{D}i}}\int_{r_{\mathrm{wD}i,j}-\Delta r_{\mathrm{D}i}/2}^{r_{\mathrm{wD}i,j}+\Delta r_{\mathrm{D}i}/2}\bar{q}_{\mathrm{D}i,j}\begin{Bmatrix}K_0\left[\sqrt{u}\sqrt{r_{\mathrm{wD}m,k}^2+\alpha^2-2r_{\mathrm{wD}m,k}\alpha\cos(\theta_m-\theta_i)}\right]+\\ a_2I_0\left[\sqrt{u}\sqrt{r_{\mathrm{wD}m,k}^2+\alpha^2-2r_{\mathrm{wD}m,k}\alpha\cos(\theta_m-\theta_i)}\right]\end{Bmatrix}\mathrm{d}\alpha$$

$$=\frac{2\pi}{L_{\mathrm{fD}}C_{\mathrm{fD}}}\left[r_{\mathrm{wD}m,k}\sum_{k=1}^{N_m}\bar{q}_{\mathrm{fD}m,k}\Delta r_{\mathrm{D}m}-\frac{\Delta r_{\mathrm{D}m}^2}{8}\bar{q}_{\mathrm{fD}m,k}-\sum_{i=1}^{k-1}\bar{q}_{\mathrm{fD}m,i}(k-j)\Delta r_{\mathrm{D}m}^2\right]$$

$$1\leqslant m\leqslant M,1\leqslant k\leqslant N_i \tag{5.4.4}$$

由于每条压裂裂缝、每个离散网格上的流量之和等于油井总产量,因此,离散之后的无量纲流量守恒方程为:

$$\sum_{i=1}^{M}\sum_{j=1}^{N}\bar{q}_{\mathrm{fD}i}\Delta r_{\mathrm{D}i}=\frac{1}{s} \tag{5.4.5}$$

5.5 特征曲线分析及参数敏感性分析

利用 Stehfest 数值反演算法,分别得到实空间下不同储层类型直井压裂井对称缝及直井压裂井多翼缝井底压力解,通过绘制井底压力响应特征曲线来分析径向复合油藏直井压裂井井底压力响应特征曲线。

径向复合油藏直井压裂井井底压力响应特征曲线可以分为九个流动阶段(图 5.5.2),每个阶段曲线特征及渗流过程如下:

第Ⅰ阶段为井储阶段:该阶段压力曲线与压力导数曲线重合且呈斜率为 1 的直线;

第Ⅱ阶段为表皮反应阶段:该阶段压力导数曲线呈现出明显的“驼峰”;

第Ⅲ阶段为双线性流阶段:该阶段压力导数曲线斜率为 0.25 的直线,反映了裂缝中的流体从裂缝向井筒和流体从储层向裂缝的双线性流[图 5.5.2(a)];

第Ⅳ阶段为线性流阶段:该阶段压力导数曲线斜率为 0.5 的直线,反映了储层流体从储层向裂缝的线性流[图 5.5.2(b)];

第Ⅴ阶段为椭圆阶段:该阶段压力导数曲线斜率为 0.36 的直线,反映了内区储层流体围绕裂缝在水平面上的椭圆流阶段,该阶段持续时间比较短[图 5.5.2(c)];

第Ⅵ阶段为内区径向流阶段:该阶段压力导数曲线呈值为 0.5 的水平线,反映了内区储层流体围绕裂缝在水平面上的径向流阶段[图 5.5.2(d)];

第Ⅶ阶段为内区向外区的过渡流阶段:该阶段压力导数曲线呈上翘的直线,反映了外区储层流体向内区储层的补充;

第Ⅷ阶段为外区径向流阶段:该阶段压力导数曲线呈值为 $0.5M_{12}$的水平线,反映了外区储层流体围绕裂缝在水平面上的径向流阶段[图 5.5.2(e)];

第Ⅸ阶段为边界影响阶段:当外边界为无限大时,压力导数曲线呈值为 $0.5M_{12}$的水平线;当外边界为圆形封闭外边界时,压力波传播到外边界时,压力导数曲线呈斜率为 1 的直线,外边界半径越大,压力波传播到边界所需要的时间越长,外区径向流持续时间越长;当外边界为圆形定压外边界时，压力波传播到外边界时，压力导数曲线呈下掉的曲线，外边界半径越大，压力波传播到边界所需要的时间越长，外区径向流持续时间越长。

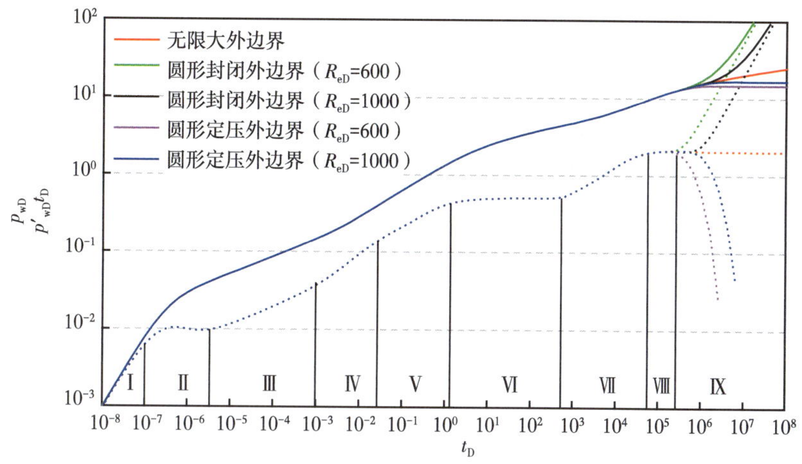

图 5.5.1　径向复合油藏直井压裂井井底压力响应曲线

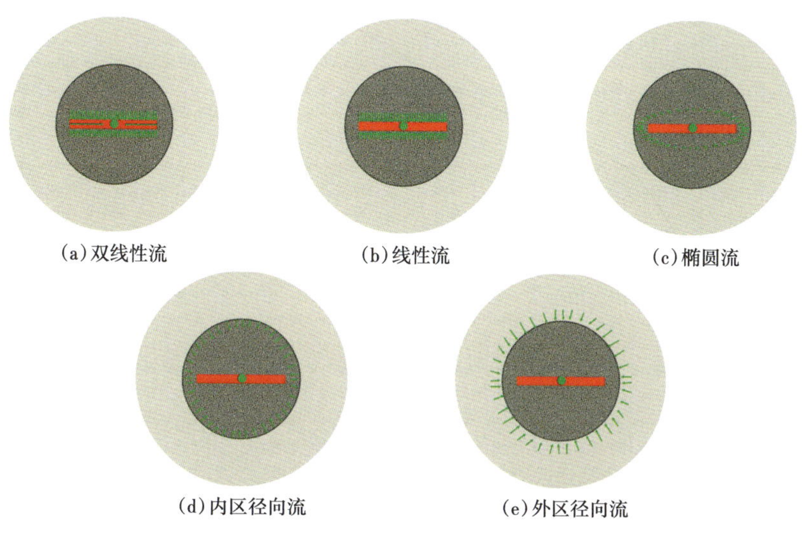

图 5.5.2　径向复合油藏直井压裂井主要流动阶段物理模型示意图

图 5.5.3 为内区半径对径向复合油藏井底压力响应曲线的影响。从图中可以看出，内区半径越大，内区径向流持续时间越长，外区径向流阶段压力曲线越低，内区径向流阶段压力导数曲线特征越明显。

图 5.5.4 为内外区流度比对径向复合油藏井底压力响应曲线的影响。从图中可以看出，内外区流度比越大，外区径向流阶段压力及压力导数曲线越高，这主要是因为内外区流度比越大，说明外区储层渗透率越低，当压力波传播到外区时，外区流体流动阻力就越大，因此，内外区流度比越大，外区径向流阶段压力曲线越高。

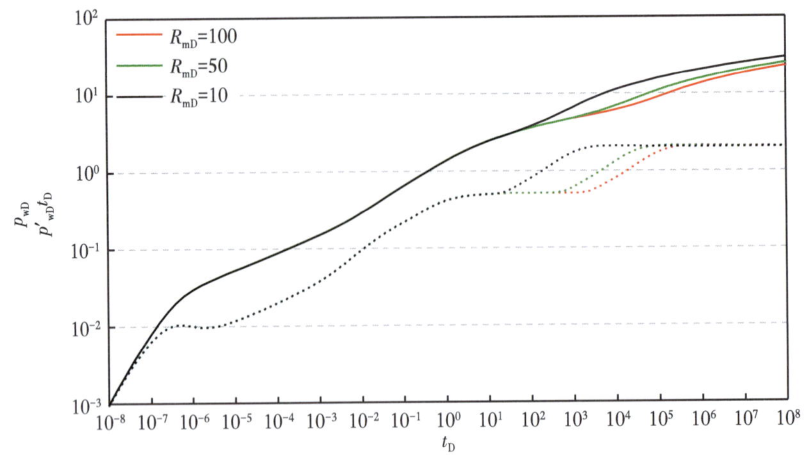

图 5.5.3　内区半径对径向复合油藏井底压力响应曲线的影响

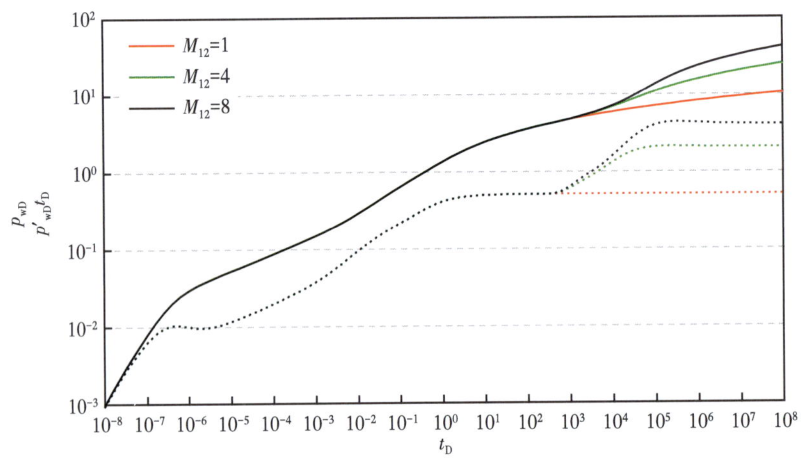

图 5.5.4　内外区流度比对径向复合油藏井底压力响应曲线的影响

图 5.5.5 为内区弹性储容比对径向复合油藏井底压力响应曲线的影响。从图中可以看出,内区弹性储容比越小,内区径向流阶段“凹子”越深越宽,早期双线性流和线性流阶段压力曲线越高。

图 5.5.6 为内区窜流系数对径向复合油藏井底压力响应曲线的影响。从图中可以看出,内区窜流系数越小,压力导数曲线凹子开始的时间越晚,这表明:窜流系数越大,基质中的流体越容易向裂缝发生窜流,因此,压力导数 “凹子”开始的时间就越早。

图 5.5.7 为外区弹性储容比对径向复合油藏井底压力响应曲线的影响。从图中可以看出,外区弹性储容比越小,外区径向流阶段“凹子”越深越宽,外区弹性储容比的大小不影响内区及内区之前压力曲线形态。

图 5.5.8 为外区窜流系数对径向复合油藏井底压力响应曲线的影响。从图中可以看出,外区窜流系数越小,压力导数曲线“凹子”开始的时间越晚,这表明:窜流系数越大,基质中的流体越容易向裂缝发生窜流,因此,压力导数 “凹子”开始的时间就越早。

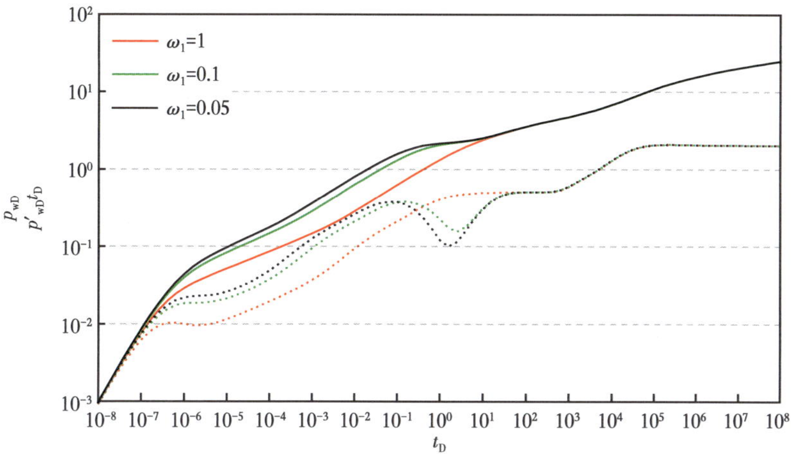

图 5.5.5 内区弹性储容比对径向复合油藏井底压力响应曲线的影响

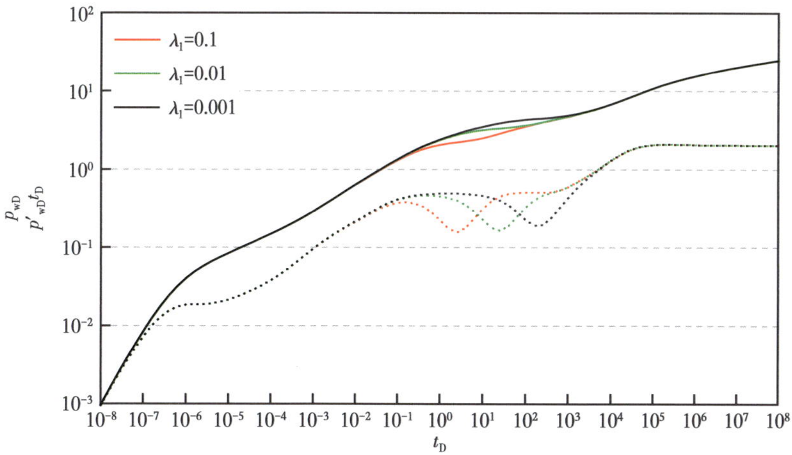

图 5.5.6 内区窜流系数对径向复合油藏井底压力响应曲线的影响

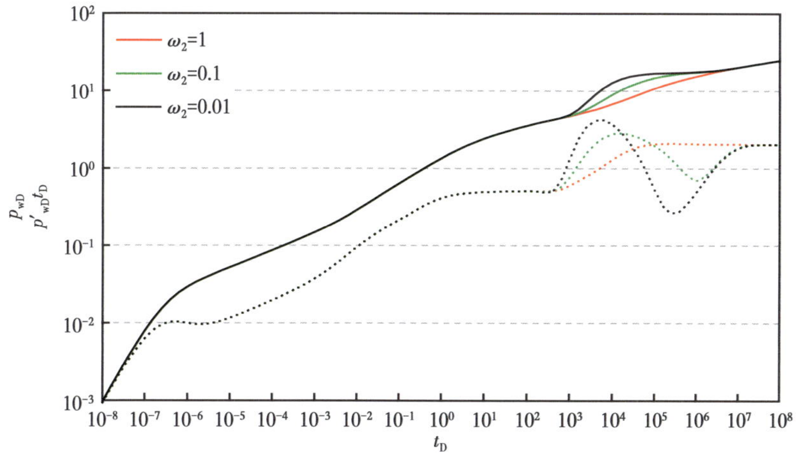

图 5.5.7 外区弹性储容比对径向复合油藏井底压力响应曲线的影响

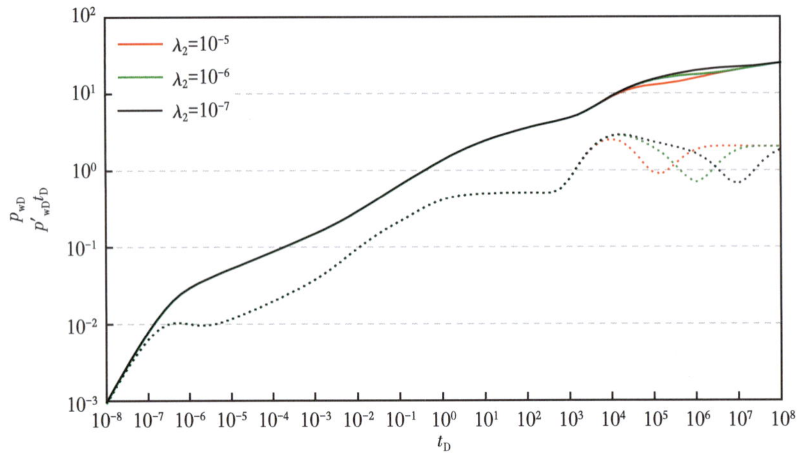

图 5.5.8 外区窜流系数对径向复合油藏井底压力响应曲线的影响

图 5.5.9 为裂缝条数对径向复合油藏井底压力响应曲线的影响。从图中可以看出，裂缝条数越多，储层中的流体流入井筒所需要的压降就越小，双线性流及线性流阶段压力曲线低。

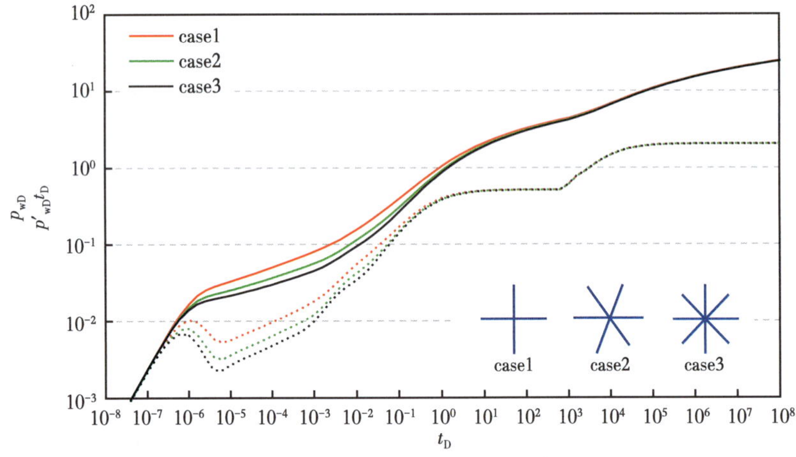

图 5.5.9 裂缝条数对径向复合油藏井底压力响应曲线的影响

6　多段压裂水平井对称缝试井模型研究

近年来，随着水力压裂技术的不断进步与发展，水平井多段压裂技术已经成为开发低渗透致密油藏的主要方法，和直井压裂井相比较，水平井开发低渗透致密油藏更有优势。因此，本章在前人研究的基础上[51-60]，主要研究多段压裂水平井井底压力动态特征。首先，基于第 2 章推导的不同尺度点源解，通过对点源解积分得到均匀流量面源解；其次，将储层模型与裂缝模型解进行耦合，得到压裂裂缝井底压力解；最后，利用 Stehfest 数值反演求的实空间井底压力解并进行流动阶段分析，分析各参数对井底压力动态特征曲线的影响。

6.1　物理模型描述

在理想情况下，水平井在水力压裂过程中水力压裂裂缝关于井筒对称，物理模型示意图如图 6.1.1 所示。为了研究方便，对该物理模型进行假设，其假设条件如下：

(1)储层顶底封闭且平行，储层厚度为 h；

(2)水平井长度为 L_h，流体在井筒内流动为无限导流，水平井与储层平行；

(3)压裂裂缝条数为 M，压裂裂缝厚度与储层厚度相等，每条裂缝均与水平井井筒正交；

(4)裂缝半长为 L_f，裂缝宽度为 W_f，裂缝沿井筒呈等距分布或不等距分布；

(5)流体由储层向裂缝渗流后再流入井筒，流体在储层和裂缝中的渗流为等温渗流；

(6)流体在整个流动过程中满足达西渗流规律；

(7)忽略重力和毛细管压力的影响。

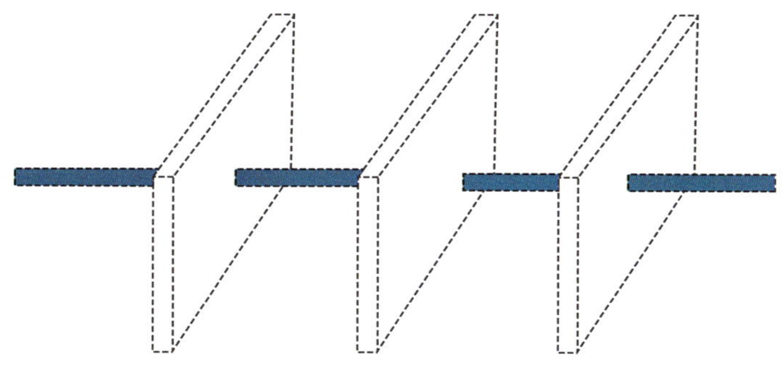

图 6.1.1　多段压裂水平井模型示意图

6.2 数学模型建立与求解

顶底封闭油藏中有一口多段压裂水平井，裂缝高度等于储层厚度，裂缝半长为 L_f，油藏外边界为无限大和圆形封闭（定压）外边界（图 6.2.1）。

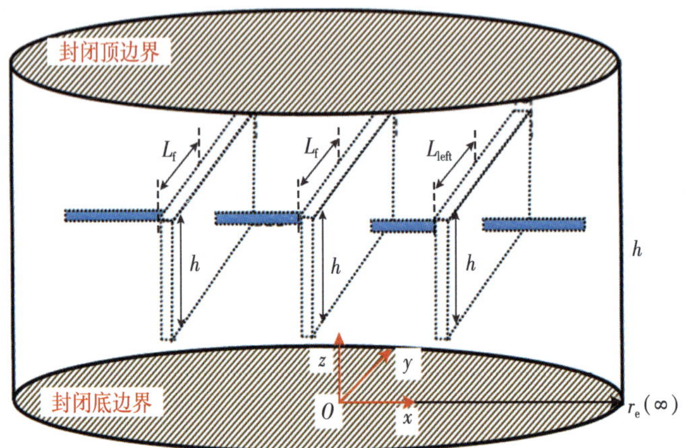

图 6.2.1　柱状油藏多段压裂水平井模型示意图

6.2.1 柱状油藏多段压裂水平井对称缝井底压力解

根据第 2 章的推导，不同外边界条件下 Laplace 空间第 i 条压裂裂缝在储层任意位置 (x_D, y_D) 处的压降为：

$$\Delta\bar{p}_i = \frac{\tilde{\bar{q}}_i \mu}{2\pi K L_{ref} h_D} \int_{-L_{fi}/L_{ref}}^{L_{fi}/L_{ref}} \left\{ \begin{aligned} & K_0\left[\sqrt{u}\sqrt{(x_D-\alpha)^2+(y_D-y_{wDi})^2}\right] + \\ & B_{out} I_0\left[\sqrt{u}\sqrt{(x_D-\alpha)^2+(y_D-y_{wDi})^2}\right] \end{aligned} \right\} d\alpha \tag{6.2.1}$$

其中

$$R_D = \sqrt{(x_D-\alpha)^2+(y_D-y_{wDi})^2}$$

式中　$\tilde{\bar{q}}_i$——Laplace 空间第 i 条缝线流量密度，cm^2/s；

x_{wDi}——第 i 条裂缝 x 方向井底位置；

y_{wDi}—第 i 条裂缝 y 方向井底位置。

根据质量守恒原理，所有裂缝产量和等于总产量 q_{sc}，因此，有以下表达式：

$$q_{sc} = \sum_{i=1}^{M} q_i \tag{6.2.2}$$

取 $x_{wD}=0, y_{wD}=y_{Di}$，式(6.2.1)和式(6.2.2)的无量纲表达式为：

$$\bar{p}_{\mathrm{D}i}=\frac{\bar{q}_{\mathrm{D}i}}{2L_{\mathrm{fD}i}}\int_{-L_{\mathrm{fD}i}}^{+L_{\mathrm{fD}i}}\left[K_0(\sqrt{u}R_{\mathrm{D}})+B_{\mathrm{out}}I_0(\sqrt{u}R_{\mathrm{D}})\right]\mathrm{d}\alpha \tag{6.2.3}$$

$$\sum_{i=1}^{M}\bar{q}_{\mathrm{D}i}=\frac{1}{s} \tag{6.2.4}$$

其余无量纲变量定义与前者相同,新的无量纲变量定义如下:

$$y_{\mathrm{wD}i}=\frac{y_{\mathrm{w}i}}{L_{\mathrm{ref}}}$$

$$\bar{q}_{\mathrm{D}i}=\frac{2\bar{\tilde{q}}_i L_{\mathrm{ref}}}{q}$$

$$x_{\mathrm{wD}i}=\frac{x_{\mathrm{w}i}}{L_{\mathrm{ref}}}$$

$$L_{\mathrm{fD}i}=\frac{L_{\mathrm{f}i}}{L_{\mathrm{ref}}}$$

通过压降叠加原理和式(6.2.3)所给出的均匀流量面源解,柱状油藏 M 条压裂裂缝在地层中任意位置(x_{D},y_{D})处总的压降为:

$$s\bar{p}_{\mathrm{D}}=\frac{1}{2}\sum_{i=1}^{M}\frac{q_{\mathrm{D}i}}{L_{\mathrm{fD}i}}\left\{\begin{array}{l}\int_0^{L_{\mathrm{fD}i}}K_0\left[\sqrt{u}\sqrt{(x_{\mathrm{D}}-\alpha)^2+(y_{\mathrm{D}}-y_{\mathrm{wD}i})^2}\right]+\\ \int_0^{L_{\mathrm{fD}i}}K_0\left[\sqrt{u}\sqrt{(x_{\mathrm{D}}+\alpha)^2+(y_{\mathrm{D}}-y_{\mathrm{wD}i})^2}\right]+\\ B_{\mathrm{out}}\int_0^{L_{\mathrm{fD}i}}I_0\left[\sqrt{u}\sqrt{(x_{\mathrm{D}}+\alpha)^2+(y_{\mathrm{D}}+y_{\mathrm{wD}i})^2}\right]+\\ B_{\mathrm{out}}\int_0^{L_{\mathrm{fD}i}}I_0\left[\sqrt{u}\sqrt{(x_{\mathrm{D}}+\alpha)^2+(y_{\mathrm{D}}-y_{\mathrm{wD}i})^2}\right]\end{array}\right\}\mathrm{d}\alpha \tag{6.2.5}$$

取每条裂缝计算点 $x_{\mathrm{D}}=0.732$ 代表无限导流压裂井井底压力解,式(6.2.5)对于贝塞尔函数的积分可以利用辛普森或高斯—勒让德数值积分求解。为了提高计算速度,当 $y_{\mathrm{D}}=y_{\mathrm{wD}}$ 时可以用式(2.3.2)至式(2.3.4)计算。

对于有限导流多段压裂水平井对称缝,结合裂缝导流函数求的有限导流多段压裂水平井试井解释数学模型,裂缝导流函数如下:

$$s\bar{f}(C_{\mathrm{fD}})=2\pi\sum_{n=1}^{\infty}\frac{1}{(n\pi)^2C_{\mathrm{fD}}+2\sqrt{(n\pi)^2+u}}+\frac{0.4063\pi}{\pi(C_{\mathrm{fD}}+0.8997)+1.6252u} \tag{6.2.6}$$

由于每条缝的总流量是时间的函数,因此,结合裂缝导流函数和 Duhamel 褶积原理,M 条压裂裂缝总的无量纲压力可以表示为:

$$\bar{p}_{\mathrm{D}}(x_{\mathrm{D}},y_{\mathrm{D}})=\sum_{i=1}^{M}\bar{q}_{\mathrm{D}i}(s)\bar{F}_{\mathrm{D}i}(\beta_{\mathrm{D}},\beta_{\mathrm{wD}i}) \tag{6.2.7}$$

其中

$$\beta_{\mathrm{wD}i}=(x_{\mathrm{wD}i},y_{\mathrm{wD}i})$$

$$\beta_{\mathrm{D}}=(x_{\mathrm{D}},y_{\mathrm{D}})$$

$$s\bar{F}_{\mathrm{D}i}=\frac{1}{2L_{\mathrm{fD}i}}\left\{\begin{aligned}&\int_0^{L_{\mathrm{fD}i}}K_0\left[\sqrt{u}\sqrt{(x_{\mathrm{D}}-\alpha)^2+(y_{\mathrm{D}}-y_{\mathrm{wD}i})^2}\right]+\\&\int_0^{L_{\mathrm{fD}i}}K_0\left[\sqrt{u}\sqrt{(x_{\mathrm{D}}+\alpha)^2+(y_{\mathrm{D}}-y_{\mathrm{wD}i})^2}\right]+\\&B_{\mathrm{out}}\int_0^{L_{\mathrm{fD}i}}I_0\left[\sqrt{u}\sqrt{(x_{\mathrm{D}}+\alpha)^2+(y_{\mathrm{D}}-y_{\mathrm{wD}i})^2}\right]+\\&B_{\mathrm{out}}\int_0^{L_{\mathrm{fD}i}}I_0\left[\sqrt{u}\sqrt{(x_{\mathrm{D}}-\alpha)^2+(y_{\mathrm{D}}-y_{\mathrm{wD}i})^2}\right]\end{aligned}\right\}\mathrm{d}\alpha+\delta s\bar{f}(C_{\mathrm{fD}})$$

$$\delta=\begin{cases}1,\beta_{\mathrm{D}}=\beta_{\mathrm{wD}i}\\0,\beta_{\mathrm{D}}\neq\beta_{\mathrm{wD}i}\end{cases}$$

对于无限导流垂直裂缝为 $\delta\equiv0$；

式(6.2.7)写成矩阵形式如下：

$$\begin{bmatrix}\bar{F}_{11\mathrm{D}}(\beta_{\mathrm{wD1}},\beta_{\mathrm{wD1}}) & \bar{F}_{12\mathrm{D}}(\beta_{\mathrm{wD1}},\beta_{\mathrm{wD2}}) & \cdots & \bar{F}_{1M\mathrm{D}}(\beta_{\mathrm{wD1}},\beta_{\mathrm{wDM}}) & -1\\ \bar{F}_{21\mathrm{D}}(\beta_{\mathrm{wD2}},\beta_{\mathrm{wD1}}) & \bar{F}_{22\mathrm{D}}(\beta_{\mathrm{wD2}},\beta_{\mathrm{wD2}}) & \cdots & \bar{F}_{2M\mathrm{D}}(\beta_{\mathrm{wD2}},\beta_{\mathrm{wDM}}) & -1\\ \cdots & \cdots & \cdots & \cdots & \cdots\\ \bar{F}_{M1\mathrm{D}}(\beta_{\mathrm{wDM}},\beta_{\mathrm{wD1}}) & \bar{F}_{M2\mathrm{D}}(\beta_{\mathrm{wD2}},\beta_{\mathrm{wD2}}) & \cdots & \bar{F}_{MM\mathrm{D}}(\beta_{\mathrm{wDM}},\beta_{\mathrm{wDM}}) & -1\\ 1 & 1 & \cdots & 1 & 0\end{bmatrix}\times\begin{bmatrix}\bar{q}_{\mathrm{D1}}\\ \bar{q}_{\mathrm{D2}}\\ \cdots\\ \bar{q}_{\mathrm{DM}}\\ \bar{p}_{\mathrm{wD}}\end{bmatrix}=\begin{bmatrix}0\\0\\ \cdots\\0\\ \frac{1}{s}\end{bmatrix} \tag{6.2.8}$$

通过对式(6.2.8)的求解，可以得到柱状油藏定产生产时每条裂缝流量和井底压力，再通过 Stehfest 数值反演编程计算获得井底压力动态特征曲线并分析每个因素对曲线的影响。

6.2.2 盒状封闭油藏多段压裂水平井对称缝井底压力解

对于盒状封闭油藏多段压裂水平井而言，以矩形封闭边界油藏的底部交点为坐标原点建立直角坐标系，盒状封闭油藏多段压裂水平井物理模型示意图如图 6.2.2 所示。

6.2.1 是关于柱状油藏多段压裂水平井试井模型的求解，对于矩形封闭边界油藏而言，采用同样的方法，得到盒状矩形封闭油藏第 i 条压裂裂缝无量纲面源解为：

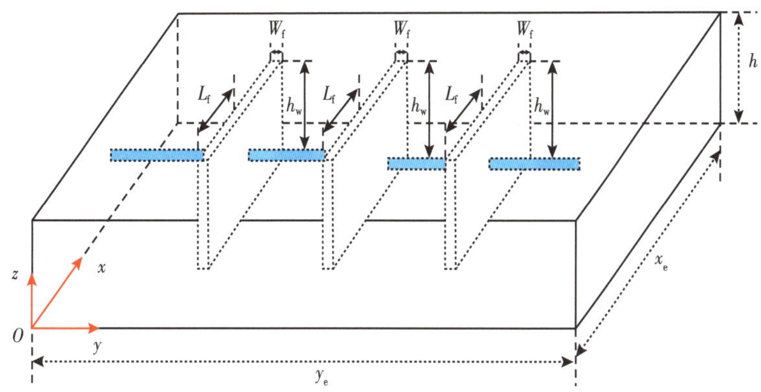

图 6.2.2　盒状封闭油藏多段压裂水平井模型示意图

$$s\bar{p}_{Di}=\bar{q}_{Di}(s)\left\{\begin{array}{l}\dfrac{\pi}{x_{eD}}\left\{\dfrac{\cosh[\sqrt{u}(y_{eD}-|y_{D1i}|)]+\cosh[\sqrt{u}(y_{eD}-|y_{D2i}|)]}{\sqrt{u}\sinh(\sqrt{u}y_{eD})}\right\}\\ +\dfrac{2}{L_{fDi}}\sum\limits_{k=1}^{+\infty}\left\{\begin{array}{l}\dfrac{\cosh[\varepsilon_k(y_{eD}-|y_{D1i}|)]+\cosh[\varepsilon_k(y_{eD}-|y_{D2i}|)]}{\varepsilon_k\sinh(\varepsilon_k y_{eD})}\times\\ \dfrac{1}{k}\sin\left(\dfrac{k\pi L_{fDi}}{x_{eD}}\right)\cos\left(\dfrac{k\pi x_D}{x_{eD}}\right)\cos\left(\dfrac{k\pi x_{wDi}}{x_{eD}}\right)\end{array}\right\}\end{array}\right\}\tag{6.2.9}$$

其中

$$x_{D1i}=x_D+x_{wDi},x_{D2i}=x_D-x_{wDi}$$

$$y_{D1i}=y_D+y_{wDi},y_{D2i}=y_D-y_{wDi}$$

同样通过压降叠加原理得到 M 条裂缝的井底压力解为：

$$\bar{p}_D=\sum_{i=1}^{M}\bar{q}_{Di}(s)\left\{\begin{array}{l}\dfrac{\pi}{x_{eD}}\left\{\dfrac{\cosh[\sqrt{u}(y_{eD}-|y_{D1i}|)]+\cosh[\sqrt{u}(y_{eD}-|y_{D2i}|)]}{\sqrt{u}\sinh(\sqrt{u}y_{eD})}\right\}\\ +\dfrac{2}{L_{fDi}}\sum\limits_{k=1}^{+\infty}\left\{\begin{array}{l}\dfrac{\cosh[\varepsilon_k(y_{eD}-|y_{D1i}|)]+\cosh[\varepsilon_k(y_{eD}-|y_{D2i}|)]}{\varepsilon_k\sinh(\varepsilon_k y_{eD})}\times\\ \dfrac{1}{k}\sin\left(\dfrac{k\pi L_{fDi}}{x_{eD}}\right)\cos\left(\dfrac{k\pi x_D}{x_{eD}}\right)\cos\left(\dfrac{k\pi x_{wDi}}{x_{eD}}\right)\end{array}\right\}\end{array}\right\}\tag{6.2.10}$$

再根据产量关系：

$$\sum_{i=1}^{M}\bar{q}_{Di}=\frac{1}{s}\tag{6.2.11}$$

通过式(6.2.10)和式(6.2.11)得到无限导流多段压裂水平井井底压力解，对于有限导流垂直裂缝，同样利用裂缝导流函数可以得到有限导流多段压裂水平井井底压力解，对于有限导流多段压裂水平井，式(6.2.9)可以整理为：

$$\bar{p}_{\mathrm{D}}=\sum_{i=1}^{M}\bar{q}_{\mathrm{D}i}(s)\bar{G}_{\mathrm{D}i}(\beta_{\mathrm{D}},\beta_{\mathrm{wD}i})\tag{6.2.12}$$

其中

$$s\bar{G}_{\mathrm{D}i}(\beta_{\mathrm{D}},\beta_{\mathrm{wD}i})=\left\{\begin{aligned}&\frac{\pi}{x_{\mathrm{eD}}}\left\{\frac{\cosh[\sqrt{u}(y_{\mathrm{eD}}-|y_{\mathrm{D1}i}|)]+\cosh[\sqrt{u}(y_{\mathrm{eD}}-|y_{\mathrm{D2}i}|)]}{\sqrt{u}\sinh(\sqrt{u}y_{\mathrm{eD}})}\right\}\\&+\frac{2}{L_{\mathrm{fD}i}}\sum_{k=1}^{+\infty}\left\{\begin{aligned}&\frac{\cosh[\varepsilon_k(y_{\mathrm{eD}}-|y_{\mathrm{D1}i}|)]+\cosh[\varepsilon_k(y_{\mathrm{eD}}-|y_{\mathrm{D2}i}|)]}{\varepsilon_k\sinh(\varepsilon_k y_{\mathrm{eD}})}\times\\&\frac{1}{k}\sin\left(\frac{k\pi L_{\mathrm{fD}i}}{x_{\mathrm{eD}}}\right)\cos\left(\frac{k\pi x_{\mathrm{D}}}{x_{\mathrm{eD}}}\right)\cos\left(\frac{k\pi x_{\mathrm{wD}i}}{x_{\mathrm{eD}}}\right)\end{aligned}\right\}\end{aligned}\right\}+\delta s\bar{f}(C_{\mathrm{fD}})$$

$$\delta=\begin{cases}1,\ \beta_{\mathrm{D}}=\beta_{\mathrm{wD}i}\\0,\ \beta_{\mathrm{D}}\neq\beta_{\mathrm{wD}i}\end{cases}$$

对于无限导流垂直裂缝为 $\delta\equiv0$；

式(6.2.11)和式(6.2.12)构成以下矩阵：

$$\begin{bmatrix}\bar{G}_{11\mathrm{D}}(\beta_{\mathrm{wD1}},\beta_{\mathrm{wD1}}) & \bar{G}_{12\mathrm{D}}(\beta_{\mathrm{wD1}},\beta_{\mathrm{wD2}}) & \cdots & \bar{G}_{1M\mathrm{D}}(\beta_{\mathrm{wD1}},\beta_{\mathrm{wDM}}) & -1\\ \bar{G}_{21\mathrm{D}}(\beta_{\mathrm{wD2}},\beta_{\mathrm{wD1}}) & \bar{G}_{22\mathrm{D}}(\beta_{\mathrm{wD2}},\beta_{\mathrm{wD2}}) & \cdots & \bar{G}_{2M\mathrm{D}}(\beta_{\mathrm{wD2}},\beta_{\mathrm{wDM}}) & -1\\ \cdots & \cdots & \cdots & \cdots & \cdots\\ \bar{G}_{M1\mathrm{D}}(\beta_{\mathrm{wDM}},\beta_{\mathrm{wD1}}) & \bar{G}_{M2\mathrm{D}}(\beta_{\mathrm{wD2}},\beta_{\mathrm{wD2}}) & \cdots & \bar{G}_{MM\mathrm{D}}(\beta_{\mathrm{wDM}},\beta_{\mathrm{wDM}}) & -1\\ 1 & 1 & \cdots & 1 & 0\end{bmatrix}\times\begin{bmatrix}\bar{q}_{\mathrm{D1}}\\ \bar{q}_{\mathrm{D2}}\\ \cdots\\ \bar{q}_{\mathrm{DM}}\\ \bar{q}_{\mathrm{wD}}\end{bmatrix}=\begin{bmatrix}0\\0\\ \cdots\\0\\ \frac{1}{s}\end{bmatrix}\tag{6.2.13}$$

通过对上述矩阵的求解，可以得到矩形封闭外边界定产生产时每条裂缝流量和井底压力，再通过 Stehfest 数值反演编程计算获得压力动态特征曲线并分析每个因素对曲线的影响。

基于同样的方法，得到考虑储层渗透率应力敏感和启动压力梯度影响的多段压裂水平井井底压力解。

直井压裂水平井与多段压裂水平井不同的是：直井压裂井水力压裂裂缝与井筒是线接触，而多段压裂水平井井筒与压裂裂缝是点接触，这种现象的存在导致直井压裂井与多段压裂水平井渗流方式不同。对于直井压裂井而言，储层中的流体流入水力压裂裂缝之后沿裂缝线性流入井筒[图 6.2.3(a)]；而对于多段压裂水平井而言，流体首先从储层流入裂缝，在距离井筒比较远的地方，裂缝向井筒中的流动仍然是线性流，但是在井筒周围，流体在裂缝内围绕井筒径向流[图 6.2.3(b)]。

根据上述描述，计算压裂水平井的横切裂缝问题还需要加入聚流表皮因子：

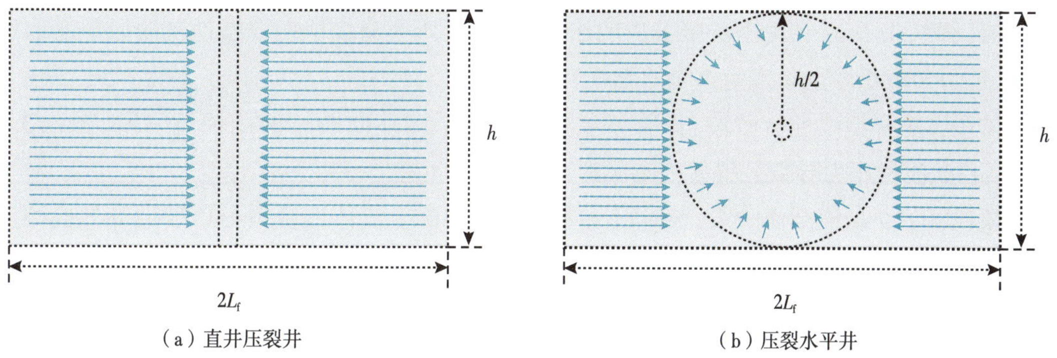

（a）直井压裂井　　　　（b）压裂水平井

图 6.2.3　汇聚表皮渗流模型示意图

$$S_c = \frac{Kh}{K_f W_f}\left(\ln\frac{h}{2r_w} - \frac{\pi}{2}\right) \tag{6.2.14}$$

6.3　计算结果与影响因素分析

6.3.1　压力动态特征曲线验证与分析

图 6.3.1 为不同外边界条件下多段压裂常规裂缝水平井压力动态特征曲线。从图中可以看出利用本文模型计算得到的结果与商业软件 Saphir 得到的计算结果吻合，验证了模型的准确性。根据压力导数曲线特征，该多段压裂水平井井底压力动态特征曲线可以划分为 7 个流动阶段（图 6.3.1）：早期双线性流、早期线性流、早期椭圆流、早期径向流、中期线性流、系统椭圆流和系统径向流阶段。其中各个流动阶段的具体特征为：

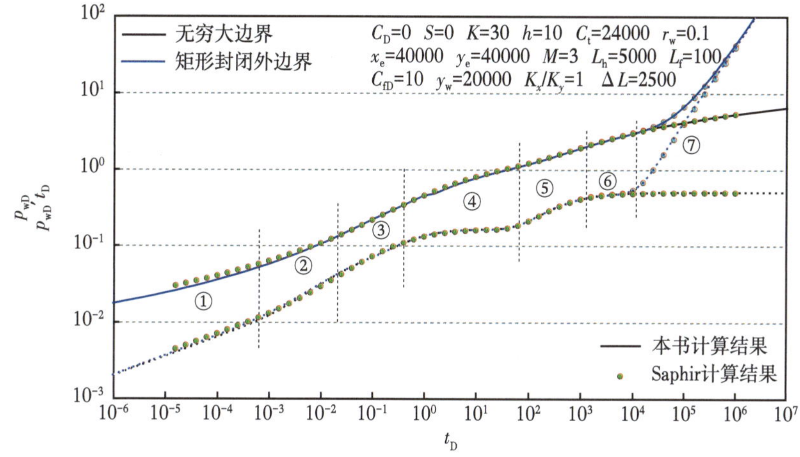

图 6.3.1　多段压裂水平井对称缝井底压力动态特征曲线

阶段①为双线性流阶段,该阶段主要反映流体在压裂裂缝线性流和储层流体向裂缝的线性流[图 6. 3. 2(a)],由于汇聚表皮的影响,该阶段压力曲线早期双线性流阶段压力曲线上翘,压力导数仍然呈斜率为 1/4 的直线;

阶段②为早期线性流阶段,该阶段主要反映储层流体向裂缝的线性流阶段[图 6. 3. 2(b)],在该阶段压力导数呈斜率为 1/2 的直线;

阶段③为早期椭圆流阶段,该阶段主要反映水平面上流体围绕单个压裂裂缝的椭圆流[图 6. 3. 2(c)],其压力导数曲线呈斜率为 0. 36 的直线;

阶段④为早期径向流阶段,该阶段主要反映水平面上流体围绕单个压裂裂缝的径向流[图 6. 3. 2d)],该阶段压力导数曲线呈值为 0. 5/M 的水平线;

阶段⑤为中期线性流阶段,该阶段主要反映了储层流体向多段压裂水平井线性流动[图 6. 3. 2(e)],压力导数曲线呈斜率为 0. 5 的直线;

阶段⑥为系统径向流阶段,该阶段主要反映了储层流体围绕多段压裂水平井径向流[图 6. 3. 2(f)],压力导数曲线呈值为 0. 5 的水平线;

阶段⑦为拟稳态流阶段,对于矩形封闭油气藏而言,当压力波传播到封闭边界时,压力导数曲线呈斜率为 1 的直线。

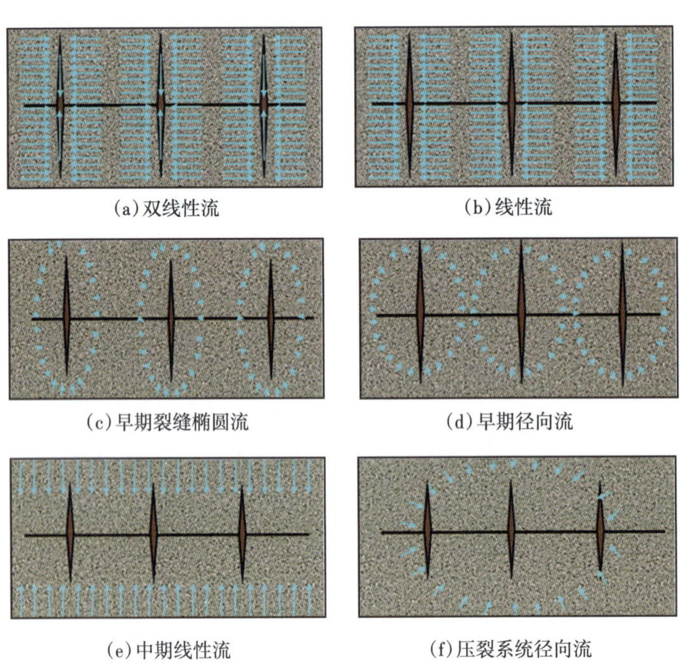

图 6. 3. 2　多段压裂水平井对称裂缝渗流模型示意图

6. 3. 2　特征曲线影响因素分析

图 6. 3. 3 为裂缝条数对试井曲线的影响。在水平井长度一定的情况下,裂缝条数的增加降低了流体流入井筒所消耗的阻力,因此,裂缝条数越多,双线性流、线性流和早期径向流

阶段压力和压力导数降低。在水平井长度一定的情况下，随着裂缝条数的增加，裂缝与裂缝之间的间距越小，早期径向流阶段压力导数曲线特征越不明显。

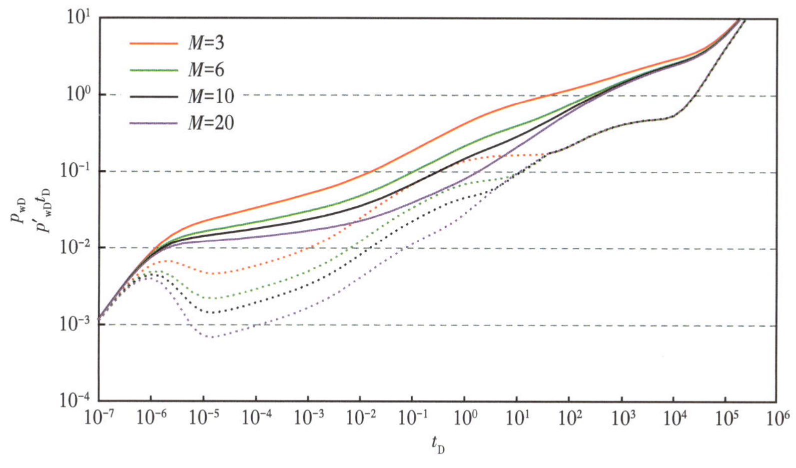

图 6.3.3　裂缝条数对试井曲线的影响

图 6.3.4 为裂缝产量分布曲线。储层中的流体首先从地层流入压裂裂缝，再沿压裂裂缝流入井筒，从图中可以看出：沿井筒方向裂缝分布呈“U”形，即井筒中间裂缝流量低而井筒两端裂缝流量高。这主要是因为越靠近井筒中部的裂缝，裂缝受到的其他裂缝干扰性越强，流量贡献率也越弱。

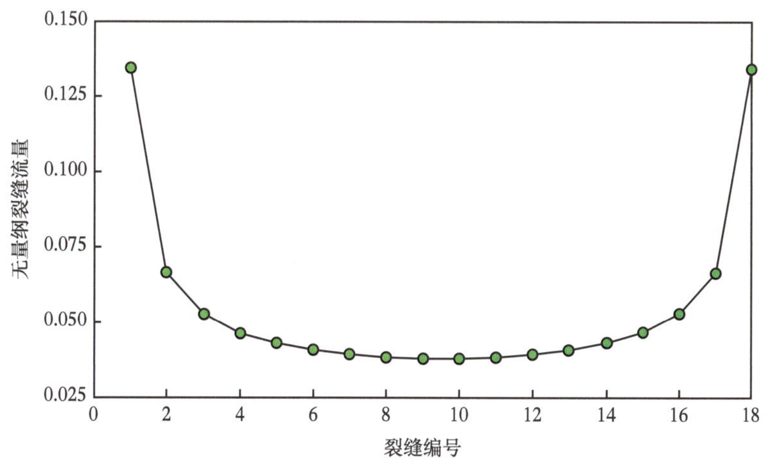

图 6.3.4　裂缝产量分布曲线

图 6.3.5 为井储和表皮系数对试井曲线的影响。井储系数越大，单位压差下井筒流体体积越大，井储阶段开始的时间越早。当井储系数足够大时，多段压裂水平井双线性流阶段和线性流阶段压力导数特征被掩盖（图 6.3.5a）；表皮系数的变化影响压力曲线位置的高低，表皮系数越大，井筒附近受到的污染就越严重，流体流入井筒所需要的压差越大，因此，表皮系数越大，井储阶段“驼峰”就越高，压力曲线位置越高（图 6.3.5b）。

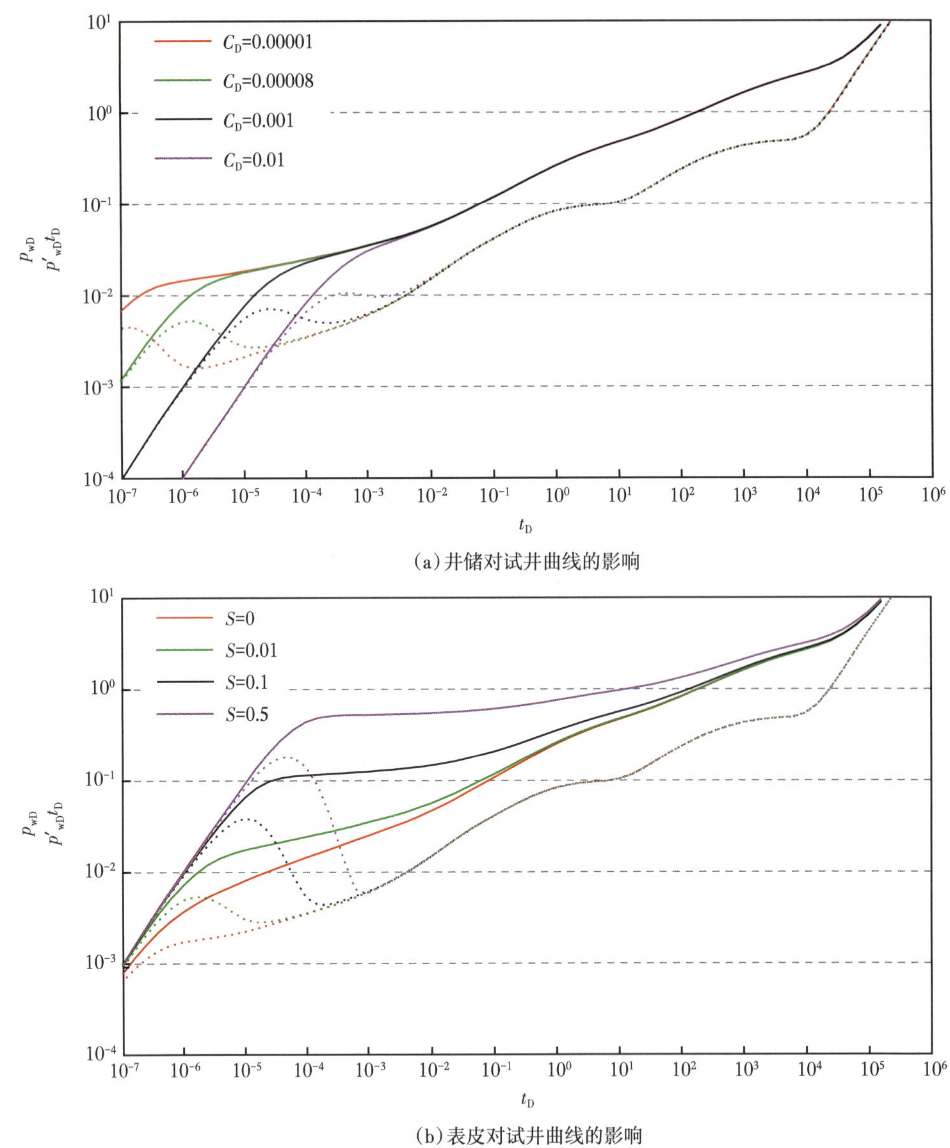

(a)井储对试井曲线的影响

(b)表皮对试井曲线的影响

图 6.3.5 井储和表皮系数对试井曲线的影响

图 6.3.6 为水平井长度和裂缝半长对试井曲线的影响。当裂缝条数一定且沿井筒均匀分布时,水平井长度越长,裂缝与裂缝之间的距离就会增大,压力导数曲线早期径向流特征越明显[图 6.3.6(a)];裂缝总长度越长,裂缝与储层接触面积就越大,流体流入井筒消耗的压降就越小,早期阶段压力和压力导数曲线越低[图 6.3.6(b)]。

图 6.3.7 为外边界形状和井的位置对试井曲线的影响。矩形封闭外边界的形状(即矩形长宽比)的变化主要影响系统径向流阶段结束的时间,矩形边界的长宽比越大,晚期线性流特征就越明显。当矩形封闭外边界为正方形时,外边界长度越小,系统径向流结束时间越早,晚期线性流压力导数曲线特征越不明显[图 6.3.7(a)];在盒状封闭油藏中,压裂水平井

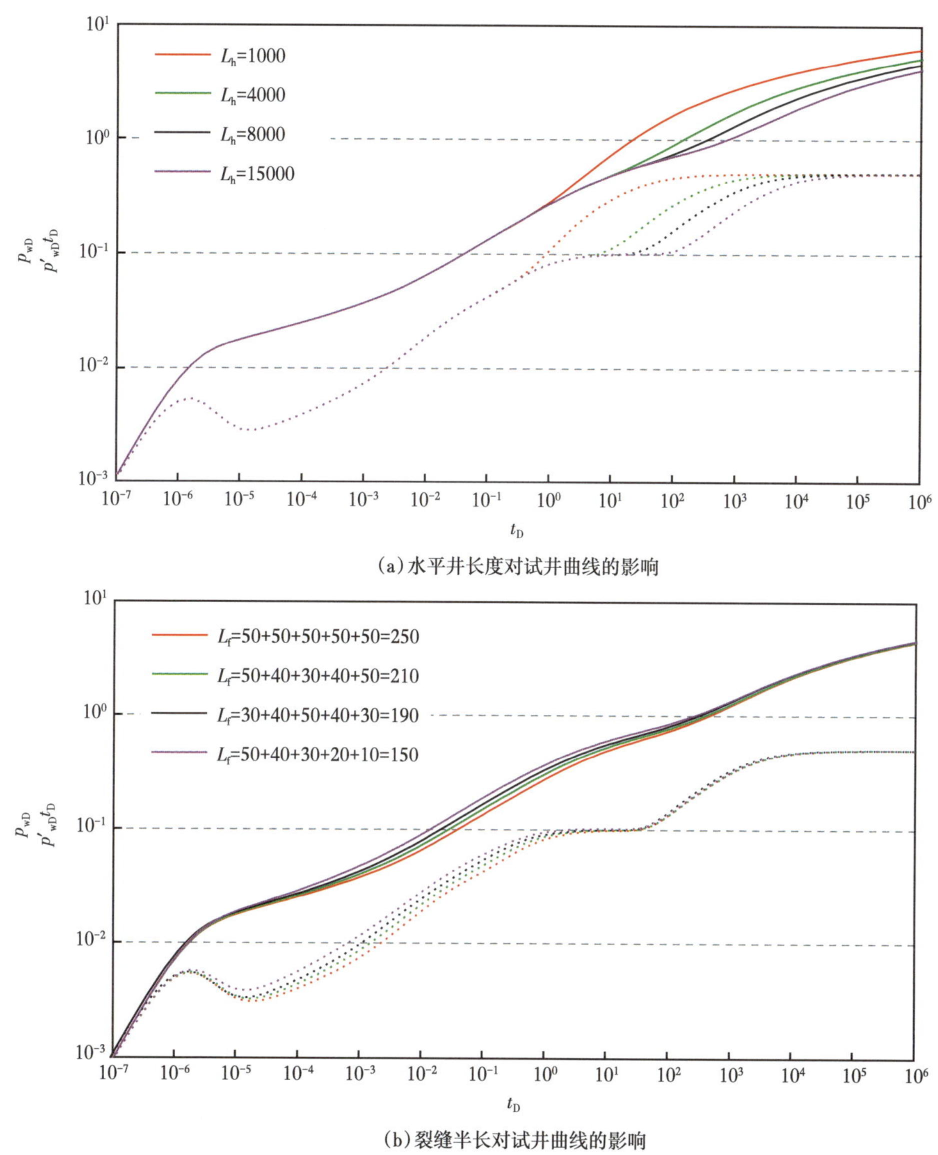

(a) 水平井长度对试井曲线的影响

(b) 裂缝半长对试井曲线的影响

图 6.3.6　水平井长度和裂缝半长对试井曲线的影响

的位置对径向流阶段压力和压力导数曲线有很大的影响。如果水平井沿 y 方向不断向边界靠近，边界反映特征越明显，裂缝越靠近封闭边界，系统径向流结束的时间越早，边界反映阶段特征越明显，即压力导数为 1 的水平线越明显[图 6.3.7(b)]。

图 6.3.8 为窜流系数和弹性储容比对试井曲线的影响。窜流系数反映了基质向天然裂缝窜流能力的大小，窜流系数只影响压力导数曲线“凹子”出现的时间，不影响“凹子”的宽度和深度。窜流系数越大，基质内流体就越容易向裂缝发生窜流，“凹子”出现的时间就越早[图 6.3.8(a)]。弹性储容比反映了基质储存流体能力的大小，弹性储容比越大，窜流阶段压力导数曲线“凹子”就越浅越窄，双线性流和线性流阶段压力和压力导数曲线越低[图 6.3.8(b)]。

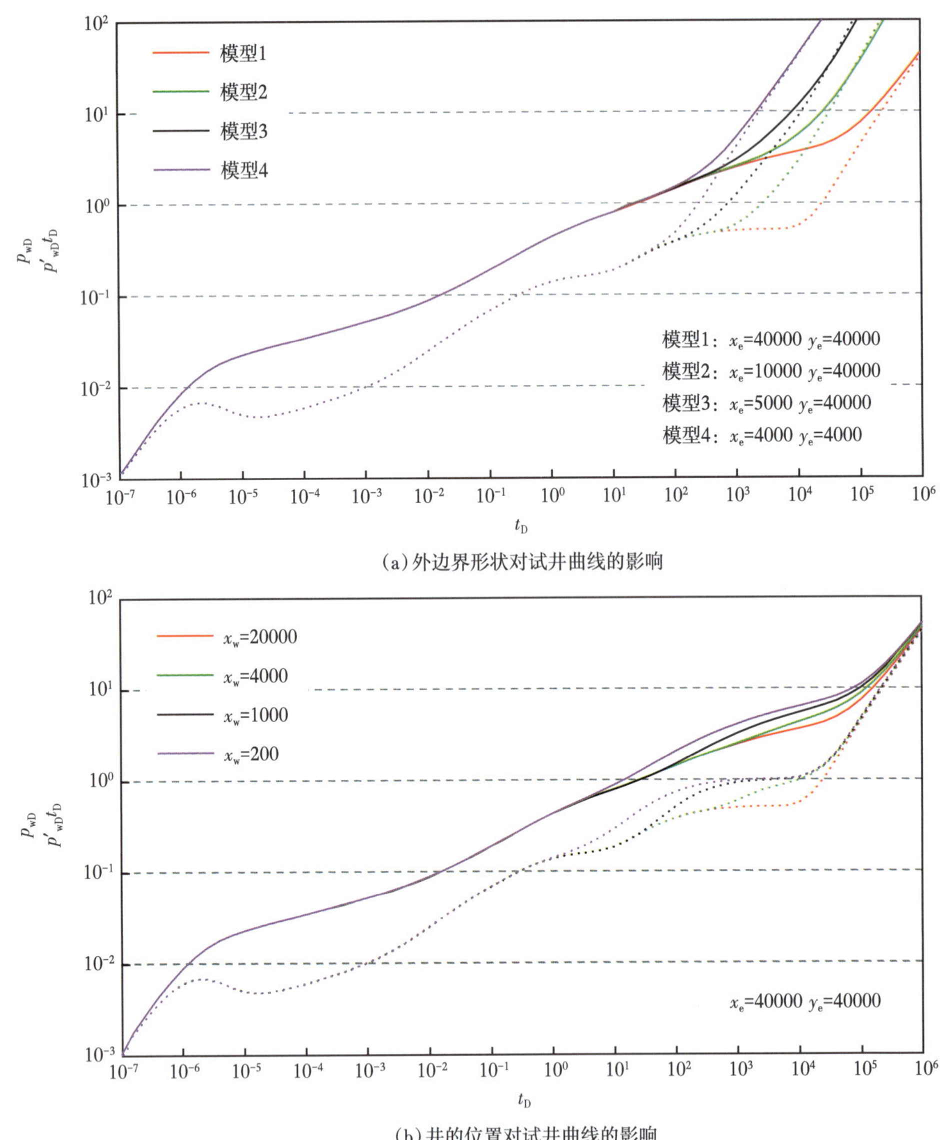

(a)外边界形状对试井曲线的影响

(b)井的位置对试井曲线的影响

图 6.3.7　外边界形状和井的位置对试井曲线的影响

图 6.3.9 为应力敏感对试井曲线的影响。从图中可以看出,应力敏感系数只影响线性流阶段之后压力及压力导数曲线形态,应力敏感系数越大,储层渗透率下降越快,流体流动越困难,储层流体流动所需要的压降越大。因此,应力敏感系数越大,径向流阶段压力和压力导数曲线上翘幅度越大。

图 6.3.10 为启动压力梯度对试井曲线的影响。从图中可以看出,启动压力梯度只影响线性流阶段之后压力及压力导数曲线形态,启动压力梯度大的地层,流体开始流动消耗的地层能量越多,流体流动越困难,储层流体流动所需要的压降越大。因此,启动压力梯度越大,径向流阶段压力和压力导数曲线上翘幅度越大,压力及压力导数开始上翘的时间越早。

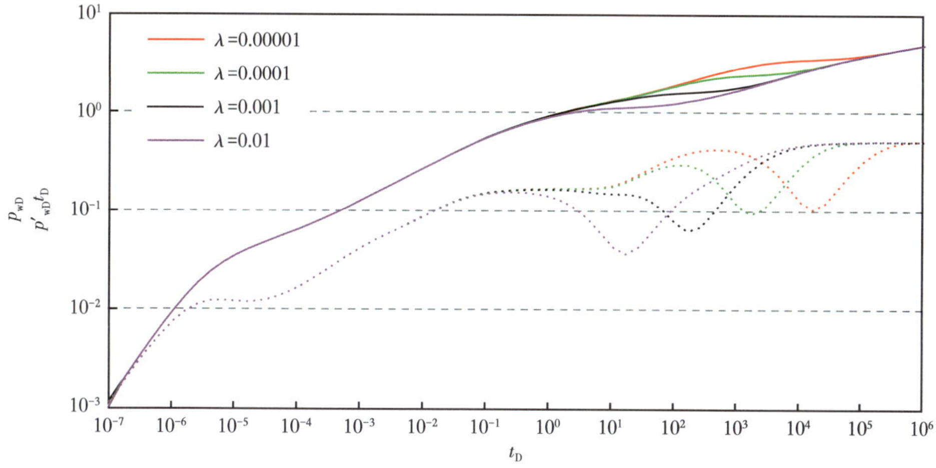

(a)窜流系数对试井曲线的影响

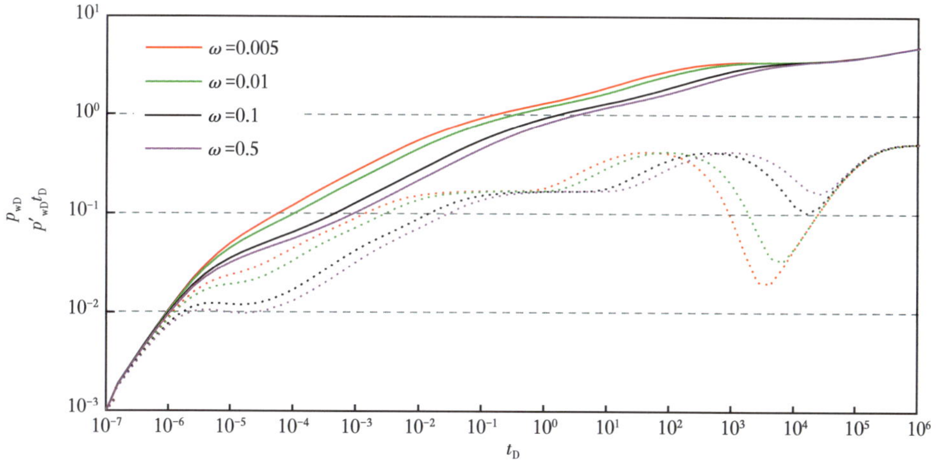

(b)弹性储容比对试井曲线的影响

图 6.3.8　窜流系数和弹性储容比对试井曲线的影响

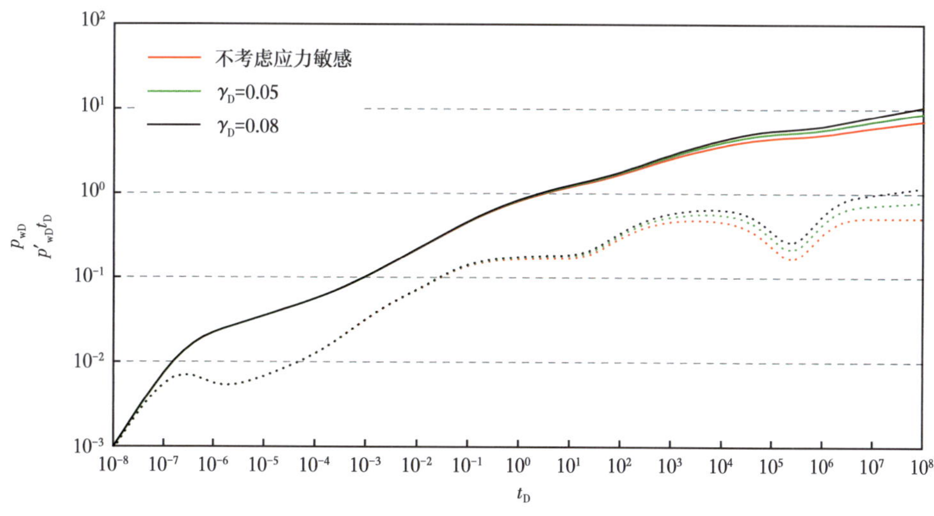

图 6.3.9　应力敏感对试井曲线的影响

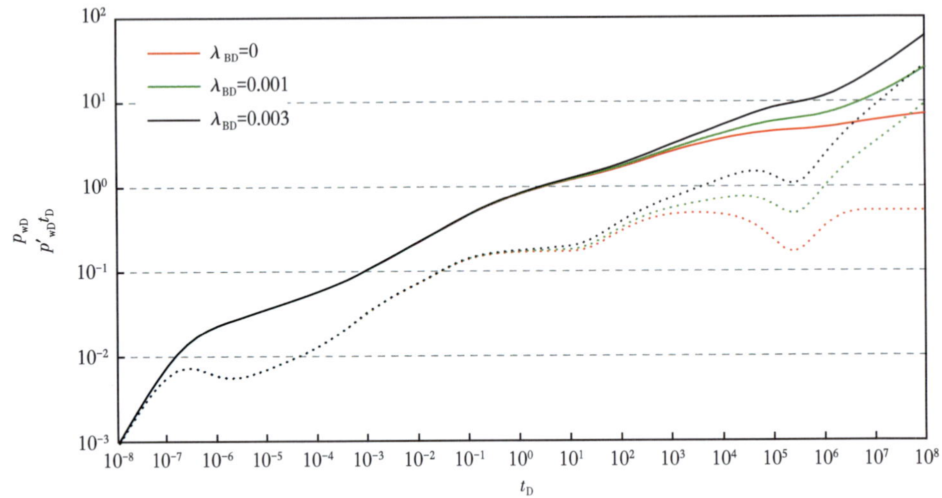

图 6.3.10　启动压力梯度对试井曲线的影响

7　多段压裂水平井复杂裂缝试井模型研究

由于地层条件的复杂性以及压裂过程中井筒压力分布不均匀,多段压裂水平井所形成的裂缝在井筒周围分布不规则,构成复杂的裂缝网络。因此,采用常规的对称缝试井解释数学模型不能准确地对实际多段压裂水平井进行试井资料的解释。因此,在前人研究的基础上[61-67],本章利用点源函数建立储层和裂缝试井解释数学模型,利用压降叠加原理和 Laplace 积分变换等数学方法获得 Laplace 空间半解析解,通过裂缝离散和压降叠加原理求得多段压裂水平井复杂裂缝井底压力解,通过 Stehfest 数值反演方法获得实空间井底压力值,绘制试井曲线并分析各个影响因素对试井曲线的影响。

7.1　物理模型描述

水平井在压裂过程中由于地层复杂,使得压裂过程中井筒周围裂缝分布复杂,复杂裂缝物理模型示意图如图 7.1.1 所示。其他假设与多段压裂水平井假设条件相同,需要说明的是:水平井压裂过程中井筒两端裂缝长度不相等,裂缝与井筒存在一定的夹角,裂缝沿井筒方向不均匀分布。

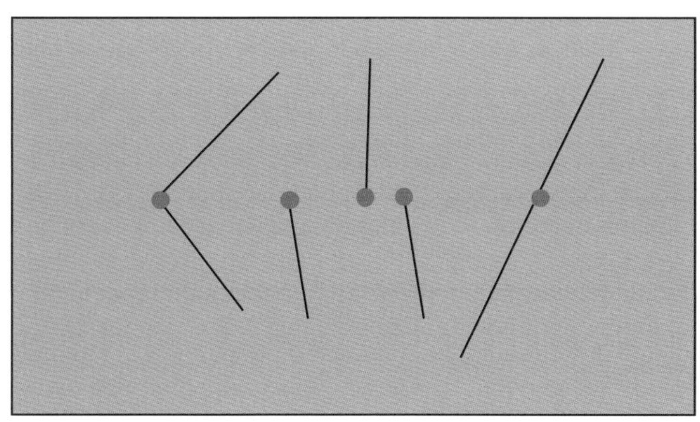

图 7.1.1　多段压裂水平井复杂裂缝模型示意图

7.2　柱状油藏多段压裂水平井试井模型建立与求解

7.2.1　储层模型的建立与求解

第 3 章建立并求解了柱状油藏多翼裂缝试井模型,为了研究多段压裂水平井井底压力动态特征，在第 3 章多翼裂缝模型解的基础上，只要改变裂缝沿水平井井筒方向的位置和裂缝与井筒的夹角(θ_{fi})，通过压降叠加原理就可以求得 Laplace 空间下井底压力解。柱状油藏多段压裂水平井与裂缝几何关系如图 7.2.1 所示。

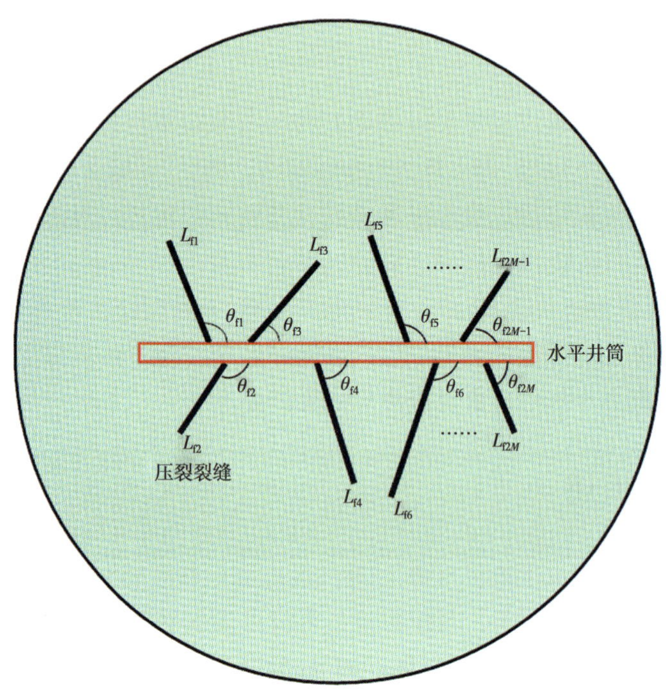

图 7.2.1　多段压裂水平井坐标变换示意图

根据点源函数基本思想，第 3 章推导得到了顶底封闭边界、侧向为无穷大和圆形封闭外边界多翼裂缝井底压力解。然而，对于多段压裂水平井而言，改变单翼裂缝的位置便可以获得任意裂缝分布方式的多段压裂水平井井底压力解。如果考虑裂缝沿水平井位置变化，根据式(3.2.4)所给的结果，第 i 条缝在储层中(x_D，y_D)处引起的压力响应为：

$$\bar{p}_{Di}=\int_{x_{wDi}-L_{fDi}/2}^{x_{wDi}+L_{fDi}/2}\bar{q}_{Di}\left\{\begin{aligned}&K_0\left[\sqrt{u}\sqrt{(x_D-\alpha\cos\theta_i)^2+(y_D-y_{wD}-\alpha\sin\theta_i)^2}\right]\\&+B_{out}I_0\left[\sqrt{u}\sqrt{(x_D-\alpha\cos\theta_i)^2+(y_D-y_{wD}-\alpha\sin\theta_i)^2}\right]\end{aligned}\right\}d\alpha \quad (7.2.1)$$

为了计算方便，式(7.2.1)也可以写为：

$$\bar{p}_{Di}=\int_{r_{wDi}-L_{fDi}/2}^{r_{wDi}+L_{fDi}/2}\bar{q}_{Di}\left\{\begin{aligned}&K_0\left[\sqrt{u}\sqrt{(r_D\cos\theta-\alpha\cos\theta_i)^2+(r_D\sin\theta-y_{wD}-\alpha\sin\theta_i)^2}\right]\\&+B_{out}I_0\left[\sqrt{u}\sqrt{(r_D\cos\theta-\alpha\cos\theta_i)^2+(r_D\sin\theta-y_{wD}-\alpha\sin\theta_i)^2}\right]\end{aligned}\right\}d\alpha \quad (7.2.2)$$

式中　$\bar{p}_{Di}$——Laplace 空间第 i 条压裂裂缝无量纲压力；

θ_i——第 i 条压裂裂缝与井筒夹角。

7.2.2　储层与裂缝模型耦合解

多翼裂缝模型一样,通过将裂缝模型解与储层模型解耦合并对裂缝进行网格离散,结合压降叠加原理得到 Laplace 空间下多段压裂水平井复杂裂缝模型井底压力解,其中单翼裂缝模型解在式(3.2.23)中已经给出,多段压裂水平井复杂裂缝网格离散模型示意图如图7.2.2所示。

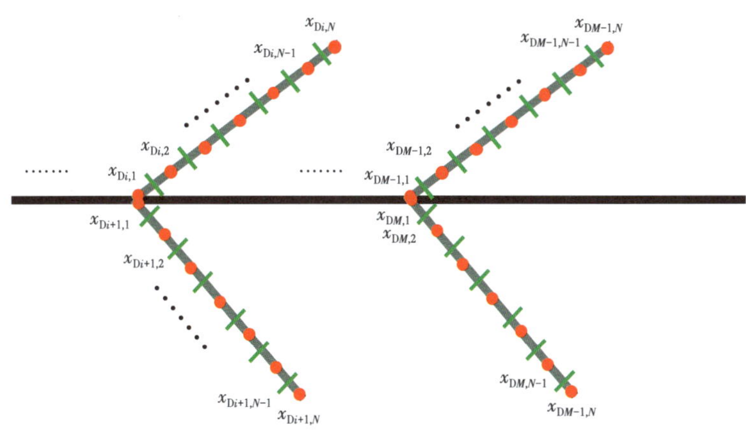

图 7.2.2　裂缝离散模型示意图

将式(7.2.2)与式(3.2.21)和式(3.2.23)联立求得柱状油藏多段压裂水平井复杂裂缝离散表达式:

$$\bar{p}_{\mathrm{vD}}-\sum_{i=1}^{M}\sum_{j=1}^{N_i}\int_{r_{\mathrm{wD}i,j}-\Delta r_{\mathrm{D}i}/2}^{r_{\mathrm{wD}i,j}+\Delta r_{\mathrm{D}i}/2}\bar{q}_{\mathrm{D}i,j}\left\{\begin{array}{l}K_0\left[\sqrt{s}\sqrt{\begin{array}{c}(r_{\mathrm{wD}m,k}\cos\theta_m-\alpha\cos\theta_i)^2+\\(r_{\mathrm{wD}m,k}\sin\theta_m-y_{\mathrm{wD}i}-\alpha\sin\theta_i)^2\end{array}}\right]+\\B_{\mathrm{out}}\cdot I_0\left[\sqrt{s}\sqrt{\begin{array}{c}(r_{\mathrm{wD}m,k}\cos\theta_m-\alpha\cos\theta_i)^2+\\(r_{\mathrm{wD}m,k}\sin\theta_m-y_{\mathrm{wD}i}-\alpha\sin\theta_i)^2\end{array}}\right]\end{array}\right\}\mathrm{d}\alpha$$

$$=\frac{2\pi}{C_{\mathrm{fD}}}\left\{r_{\mathrm{wD}m,k}\sum_{k=1}^{N_m}\bar{q}_{\mathrm{fD}m,k}\Delta r_{\mathrm{D}m}-\frac{\Delta r_{\mathrm{D}m}^2}{8}\bar{q}_{\mathrm{fD}m,k}-\sum_{j=1}^{k-1}\bar{q}_{\mathrm{fD}m,j}\left[(k-j)\Delta r_{\mathrm{D}m}^2\right]\right\}\tag{7.2.3}$$

$1\leqslant m\leqslant M,1\leqslant k\leqslant N_i$

$$\sum_{i=1}^{M}\sum_{j=1}^{N_i}\bar{q}_{\mathrm{fD}i}\Delta r_{\mathrm{D}i}=\frac{1}{s}\tag{7.2.4}$$

式中　$r_{\mathrm{wD}i,j}$——第 i 条压裂裂缝第 j 个网格无量纲中点;

$\Delta r_{\mathrm{D}i}$——第 i 条压裂网格无量纲步长。

联立式(7.2.3)和式(7.2.4),写成矩阵形式如下:

$$\left(\vec{R}+\frac{2\pi}{C_{\mathrm{fD}}}\vec{T}\right)\cdot\vec{q}_{\mathrm{D}}=\vec{B}\tag{7.2.5}$$

式(7.2.5)等式左边括号内构成$(M\times N+1)\times(M\times N+1)$阶矩阵，含有$M\times N+1$个未知数$\bar{q}_{\mathrm{D1,1}},\bar{q}_{\mathrm{D1,2}},\cdots,\bar{q}_{\mathrm{D}M,N_i};\bar{p}_{\mathrm{vD}}$，利用高斯消元法求解矩阵得到系数矩阵的值，进一步得到 Laplace 空间柱状油藏不考虑井储和表皮影响的多段压裂水平井复杂裂缝井底压力解，利用 Stehfest 数值反演计算实空间井底压力。

式(7.2.5)中所出现的矩阵如下：

$$\vec{B}=(0\quad\cdots\quad 0\quad 1/s)^{\mathrm{T}}_{1\times(N_i\times M+1)}$$

$$\vec{q}_{\mathrm{D}}=(\bar{q}_{\mathrm{D1,1}}\quad \bar{q}_{\mathrm{D1,2}}\quad\cdots\quad \bar{q}_{\mathrm{D}M,N_i}\quad \bar{p}_{\mathrm{vD}})^{\mathrm{T}}_{1\times(N_i\times M+1)}$$

$$\vec{R}=\begin{pmatrix}
R_{1,1}^{1,1} & R_{1,1}^{1,2} & \cdots & R_{1,1}^{1,N_i} & \cdots & R_{1,1}^{M,1} & R_{1,1}^{M,2} & \cdots & R_{1,1}^{M,N_i} & -1\\
R_{1,2}^{1,1} & R_{1,2}^{1,2} & \cdots & R_{1,2}^{1,N_i} & \cdots & R_{1,2}^{M,1} & R_{1,2}^{M,2} & \cdots & R_{1,2}^{M,N_i} & -1\\
\vdots & \vdots & \ddots & \vdots & \vdots & \vdots & \vdots & \ddots & \vdots & \vdots\\
R_{1,N_i}^{1,1} & R_{1,N_i}^{1,2} & \cdots & R_{1,N_i}^{1,N_i} & \cdots & R_{1,N_i}^{M,1} & R_{1,N_i}^{M,2} & \cdots & R_{1,N_i}^{M,N_i} & -1\\
\vdots & \vdots & \vdots & \vdots & \ddots & \vdots & \vdots & \vdots & \vdots & \vdots\\
R_{M,1}^{1,1} & R_{M,1}^{1,2} & \cdots & R_{M,1}^{1,N_i} & \cdots & R_{M,1}^{M,1} & R_{M,1}^{M,2} & \cdots & R_{M,1}^{M,N_i} & -1\\
R_{M,2}^{1,1} & R_{M,2}^{1,2} & \cdots & R_{M,2}^{1,N_i} & \cdots & R_{M,2}^{M,1} & R_{M,2}^{M,2} & \cdots & R_{M,2}^{M,N_i} & -1\\
\vdots & \vdots & \ddots & \vdots & \ddots & \vdots & \vdots & \ddots & \vdots & \vdots\\
R_{M,N_i}^{1,1} & R_{M,N_i}^{1,2} & \cdots & R_{M,N_i}^{1,N_i} & \cdots & R_{M,N_i}^{M,1} & R_{M,N_i}^{M,2} & \cdots & R_{M,N_i}^{M,N_i} & -1\\
\Delta r_{\mathrm{D1,1}} & \Delta r_{\mathrm{D1,2}} & \cdots & \Delta r_{\mathrm{D1},N_i} & \cdots & \Delta r_{\mathrm{D}M,1} & \Delta r_{\mathrm{D}M,2} & \cdots & \Delta r_{\mathrm{D}M,N_i} & 0
\end{pmatrix}_{(N_i\times M+1)\times(N_i\times M+1)}$$

$$R_{m,k}^{i,j}=\int_{r_{\mathrm{wD}i,j}-\Delta r_{\mathrm{D}i}/2}^{r_{\mathrm{wD}i,j}+\Delta r_{\mathrm{D}i}/2}\left\{\begin{aligned}&K_0\left[\sqrt{s}\sqrt{\begin{aligned}&(r_{\mathrm{wD}m,k}\cos\theta_m-\alpha\cos\theta_i)^2+\\&(r_{\mathrm{wD}m,k}\sin\theta_m-y_{\mathrm{wD}i}-\alpha\sin\theta_i)^2\end{aligned}}\right]+\\&B_{\mathrm{out}}\cdot I_0\left[\sqrt{s}\sqrt{\begin{aligned}&(r_{\mathrm{wD}m,k}\cos\theta_m-\alpha\cos\theta_i)^2+\\&(r_{\mathrm{wD}m,k}\sin\theta_m-y_{\mathrm{wD}i}-\alpha\sin\theta_i)^2\end{aligned}}\right]\end{aligned}\right\}\mathrm{d}\alpha$$

$$\vec{T}=\begin{pmatrix}
\vec{T}_1 & 0 & 0 & 0\\
0 & \ddots & 0 & 0\\
0 & 0 & \vec{T}_M & \vdots\\
0 & 0 & \cdots & 0
\end{pmatrix}_{(N_i\times M+1)\times(N_i\times M+1)}$$

$$\vec{T}_1=\begin{pmatrix}
r_{\mathrm{wD1,1}}\Delta r_{\mathrm{D1}}-\dfrac{\Delta r_{D1}^2}{8} & r_{\mathrm{wD1,1}}\Delta r_{\mathrm{D1}} & \cdots & r_{\mathrm{wD1,1}\Delta r_{\mathrm{D1}}}\\
r_{\mathrm{wD1,2}}\Delta r_{\mathrm{D1}}-(2-1)\Delta r_{\mathrm{D1}}^2 & r_{\mathrm{wD1,2}}\Delta r_{\mathrm{D1}}-\dfrac{\Delta r_{D1}^2}{8} & \cdots & r_{\mathrm{wD1,2}\Delta r_{\mathrm{D1}}}\\
\vdots & \vdots & \ddots & \vdots\\
r_{\mathrm{wD1},N_i}\Delta r_{\mathrm{D1}}-(N_i-1)\Delta r_{D1}^2 & r_{\mathrm{wD1},N_i}\Delta r_{D1}-(N_i-2)\Delta r_{D1}^2 & \cdots & r_{\mathrm{wD1},N_i}\Delta r_{D1}-\dfrac{\Delta r_{D1}^2}{8}
\end{pmatrix}_{N_i\times N_i}$$

7.3 盒状封闭油藏多段压裂水平井试井模型建立与求解

7.3.1 储层模型的建立与求解

7.2 给出了柱状油藏多段压裂水平井复杂裂缝试井模型解。然而对于排状注采井而言,往往多段压裂水平井处于矩形封闭区域中。因此,对矩形封闭边界的多段压裂水平井复杂裂缝展开研究具有重要的意义(图 7.3.1)。

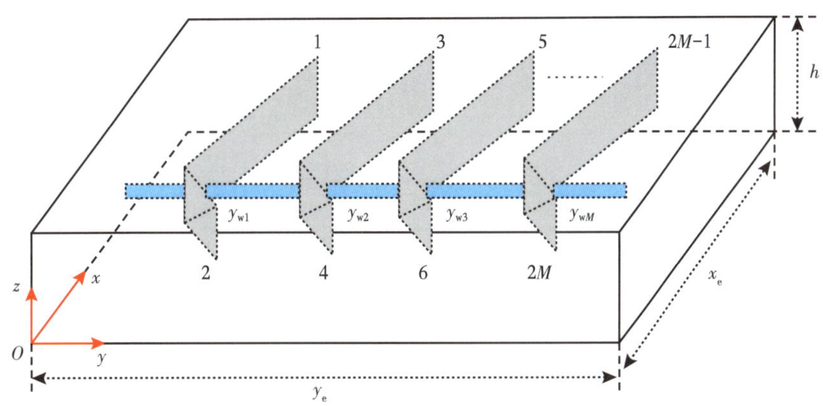

图 7.3.1 矩形外边界多段压裂水平井示意图

基于渗流力学基本原理,利用连续性方程、状态方程以及运动方程建立储层与裂缝试井解释数学模型,通过将裂缝模型与储层模型耦合求解获得有限导流多段压裂水平井复杂裂缝试井解释数学模型半解析解,最后通过 Stehfest 数值反演获得井底压力和压力导数曲线,分析各因素对试井曲线的影响(图 7.3.2)。

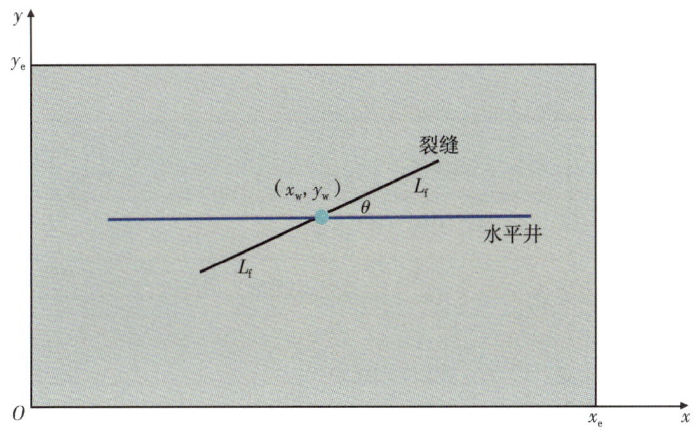

图 7.3.2 矩形封闭边界夹角裂缝模型示意图

在矩形封闭边界油藏中,点源解在式(1.2.22)中已经给出,当储层被完全射开时,Laplace空间均匀流量面源解为:

$$\Delta\bar{p}_i=\frac{q\mu h}{2K_{\mathrm{f}}L_{\mathrm{ref}}h_{\mathrm{D}}x_{\mathrm{eD}}s}\left\{\begin{array}{l}\left(\dfrac{\cosh[\sqrt{u}(y_{\mathrm{eD}}-|y_{\mathrm{D}}-y_{\mathrm{wD}i}|)]+\cosh[\sqrt{u}(y_{\mathrm{eD}}-|y_{\mathrm{D}}+y_{\mathrm{wD}i}|)]}{\sqrt{u}\sinh(\sqrt{u}y_{\mathrm{eD}})}\right)\\+2\sum\limits_{k=1}^{+\infty}\cos\left(\dfrac{k\pi x_{\mathrm{D}}}{x_{\mathrm{eD}}}\right)\cos\left(\dfrac{k\pi x_{\mathrm{wD}}}{x_{\mathrm{eD}}}\right)\times\\\left(\dfrac{\cosh[\varepsilon_k(y_{\mathrm{eD}}-|y_{\mathrm{D}}-y_{\mathrm{wD}i}|)]+\cosh[\varepsilon_k(y_{\mathrm{eD}}-|y_{\mathrm{D}}+y_{\mathrm{wD}i}|)]}{\varepsilon_k\sinh(\varepsilon_k y_{\mathrm{eD}})}\right)\end{array}\right\}\tag{7.3.1}$$

当裂缝与井筒存在一定的夹角时,裂缝不再是单一的沿 x 轴或 y 轴方向延伸,对于第 i 条斜裂缝而言,沿裂缝方向积分得到矩形封闭外边界任意一条均匀流量面源解如下:

$$\Delta\bar{p}_i=\frac{q\mu h}{2kL_{\mathrm{ref}}h_{\mathrm{D}}x_{\mathrm{eD}}s}\left\{\begin{array}{l}\int_{-L_{\mathrm{fD}i}}^{L_{\mathrm{fD}i}}\left(\dfrac{\cosh\{\sqrt{u}[y_{\mathrm{eD}}-|y_{\mathrm{D}}\pm(y_{\mathrm{wD}i}+\alpha\sin\theta_i)|]\}}{\sqrt{u}\sinh(\sqrt{u}y_{\mathrm{eD}})}\right)+\\\int_{-L_{\mathrm{fD}i}}^{L_{\mathrm{fD}i}}\left[\begin{array}{l}2\sum\limits_{k=1}^{+\infty}\cos\left(k\pi\dfrac{x_{\mathrm{D}}}{x_{\mathrm{eD}}}\right)\cos\left(k\pi\dfrac{x_{\mathrm{wD}}+\alpha\cos\theta_i}{x_{\mathrm{eD}}}\right)\times\\\left(\dfrac{\cosh\{\varepsilon_k[y_{\mathrm{eD}}-|y_{\mathrm{D}}\pm(y_{\mathrm{wD}i}+\alpha\sin\theta_i)|]\}}{\varepsilon_k\sinh(\varepsilon_k y_{\mathrm{eD}})}\right)\end{array}\right]\end{array}\right\}\mathrm{d}\alpha\tag{7.3.2}$$

根据第 2 章无量纲变量定义,第 i 条裂缝无量纲表达式为:

$$\bar{p}_{\mathrm{D}i}=\frac{\pi}{2x_{\mathrm{eD}}L_{\mathrm{fD}i}}\int_{-L_{\mathrm{fD}i}}^{L_{\mathrm{fD}i}}\bar{q}_{\mathrm{D}i}(\alpha\cos\theta_i,\alpha\sin\theta_i,s)\left\{\begin{array}{l}\left(\dfrac{\cosh\{\sqrt{u}[y_{\mathrm{eD}}-|y_{\mathrm{D}}\pm(y_{\mathrm{wD}i}+\alpha\sin\theta_i)|]\}}{\sqrt{u}\sinh(\sqrt{u}y_{\mathrm{eD}})}\right)+\\\left[\begin{array}{l}2\sum\limits_{k=1}^{+\infty}\cos\left(k\pi\dfrac{x_{\mathrm{D}}}{x_{\mathrm{eD}}}\right)\cos\left(k\pi\dfrac{x_{\mathrm{wD}}+\alpha\cos\theta_i}{x_{\mathrm{eD}}}\right)\times\\\left(\dfrac{\cosh\{\varepsilon_k[y_{\mathrm{eD}}-|y_{\mathrm{D}}\pm(y_{\mathrm{wD}i}+\alpha\sin\theta_i)|]\}}{\varepsilon_k\sinh(\varepsilon_k y_{\mathrm{eD}})}\right)\end{array}\right]\end{array}\right\}\mathrm{d}\alpha\tag{7.3.3}$$

为了方便计算,对式(7.3.3)进行坐标变换得到下式:

$$\bar{p}_{\mathrm{D}i}=\psi\int_{y_{\mathrm{wD}i}-L_{\mathrm{fD}i}\sin\theta_i}^{y_{\mathrm{wD}i}+L_{\mathrm{fD}i}\sin\theta_i}\left\{\begin{array}{l}\bar{q}_{\mathrm{D}i}(\alpha\cos\theta_i,\alpha\sin\theta_i,s)\times\\\left[\begin{array}{l}\left\{\dfrac{\cosh[\sqrt{u}(y_{\mathrm{eD}}-|y_{\mathrm{D}}\pm\alpha|)]}{\sqrt{u}\sinh(\sqrt{u}y_{\mathrm{eD}})}\right\}+\\2\sum\limits_{k=1}^{+\infty}\cos\left(k\pi\dfrac{x_{\mathrm{D}}}{x_{\mathrm{eD}}}\right)\cos\left[k\pi\dfrac{x_{\mathrm{wD}}+(\alpha-y_{\mathrm{wD}i})\cot\theta_i}{x_{\mathrm{eD}}}\right]\times\\\left\{\dfrac{\cosh[\varepsilon_k(y_{\mathrm{eD}}-|y_{\mathrm{D}}\pm\alpha|)]}{\varepsilon_k\sinh(\varepsilon_k y_{\mathrm{eD}})}\right\}\end{array}\right]\end{array}\right\}\mathrm{d}\alpha\tag{7.3.4}$$

其中

$$\psi=\frac{\pi}{2x_{\mathrm{eD}}L_{\mathrm{fD}i}\sin\theta_i}$$

由于积分变量 $\alpha\in[-L_{\mathrm{fD}},L_{\mathrm{fD}}]$，对于任意的计算点$(x_{\mathrm{D}},y_{\mathrm{D}})$分三种情况展开讨论。

情形 1：$y_{\mathrm{wD}i}-L_{\mathrm{fD}i}\sin\theta_i\leqslant y_{\mathrm{D}}\leqslant y_{\mathrm{wD}i}+L_{\mathrm{fD}i}\sin\theta_i;0\leqslant\theta\leqslant\pi$。

式(7.3.4)可以分为两部分计算，其解的形式为：

$$F_{\mathrm{D1}i}=\psi\left[\begin{array}{l}\displaystyle\int_{y_{\mathrm{wD}i}-L_{\mathrm{fD}i}\sin\theta_i}^{y_{\mathrm{D}}}\bar{q}_{\mathrm{D}i}\left(\frac{\cosh\{\sqrt{u}[y_{\mathrm{eD}}-(y_{\mathrm{D}}+\alpha)]\}+\cosh\{\sqrt{u}[y_{\mathrm{eD}}-(y_{\mathrm{D}}-\alpha)]\}}{\sqrt{u}\sinh(\sqrt{u}y_{\mathrm{eD}})}\right)+\\ \displaystyle\int_{y_{\mathrm{D}}}^{y_{\mathrm{wD}i}+L_{\mathrm{fD}i}\sin\theta_i}\bar{q}_{\mathrm{D}i}\left(\frac{\cosh\{\sqrt{u}[y_{\mathrm{eD}}-(y_{\mathrm{D}}+\alpha)]\}+\cosh\{\sqrt{u}[y_{\mathrm{eD}}-(\alpha-y_{\mathrm{D}})]\}}{\sqrt{u}\sinh\{\sqrt{u}y_{\mathrm{eD}})}\right)\end{array}\right]\mathrm{d}\alpha \tag{7.3.5}$$

$$F_{\mathrm{D2}i}=\psi\left\{\begin{array}{l}\displaystyle\int_{y_{\mathrm{wD}i}-L_{\mathrm{fD}i}\sin\theta_i}^{y_{\mathrm{D}}}\bar{q}_{\mathrm{D}i}\left[\begin{array}{l}2\displaystyle\sum_{k=1}^{+\infty}\cos\left(k\pi\frac{x_{\mathrm{D}}}{x_{\mathrm{eD}}}\right)\cos\left[k\pi\frac{x_{\mathrm{wD}}+(\alpha-y_{\mathrm{wD}i})\cot\theta_i}{x_{\mathrm{eD}}}\right]\times\\ \left(\dfrac{\cosh\{\varepsilon_k(y_{\mathrm{eD}}-[y_{\mathrm{D}}+\alpha)]\}+\cosh\{\varepsilon_k[y_{\mathrm{eD}}-(y_{\mathrm{D}}-\alpha)]\}}{\varepsilon_k\sinh(\varepsilon_k y_{\mathrm{eD}})}\right)\end{array}\right]+\\ \displaystyle\int_{y_{\mathrm{D}}}^{y_{\mathrm{wD}i}+L_{\mathrm{fD}i}\sin\theta_i}\bar{q}_{\mathrm{D}i}\left[\begin{array}{l}2\displaystyle\sum_{k=1}^{+\infty}\cos\left(k\pi\frac{x_{\mathrm{D}}}{x_{\mathrm{eD}}}\right)\cos\left[k\pi\frac{x_{\mathrm{wD}}+(\alpha-y_{\mathrm{wD}i})\cot\theta_i}{x_{\mathrm{eD}}}\right]\times\\ \left(\dfrac{\cosh\{\varepsilon_k[y_{\mathrm{eD}}-(y_{\mathrm{D}}+\alpha)]\}+\cosh\{\varepsilon_k[y_{\mathrm{eD}}-(2-y_{\mathrm{D}})]\}}{\varepsilon_k\sinh(\varepsilon_k y_{\mathrm{eD}})}\right)\end{array}\right]\end{array}\right\} \tag{7.3.6}$$

根据双区函数积分计算公式：

$$\int\cosh(ax+b)\cos(cx+d)=\frac{a}{a^2+c^2}\sinh(ax+b)\cos(cx+d)+\frac{c}{a^2+c^2}\cosh(ax+b)\sin(cx+d) \tag{7.3.7}$$

$$\int\cosh(ax+b)=\frac{1}{a}\sinh(ax+b) \tag{7.3.8}$$

对式(7.3.5)和式(7.3.6)积分并分别按照$\dfrac{\varepsilon_k}{\varepsilon_k^2+\eta_k^2\cot^2\theta_i}$和$\dfrac{\eta_k\cot\theta_i}{\varepsilon_k^2+\eta_k^2\cot^2\theta_i}$整理得到：

$$F_{\mathrm{D1}i}=\frac{\psi\bar{q}_{\mathrm{D}i}}{u}\left\{2+\frac{\sin\sqrt{u}(y_{\mathrm{eD}}-X_{\mathrm{am}})-\sinh\sqrt{u}(y_{\mathrm{eD}}-X_{\mathrm{mm}})}{\sinh(\sqrt{u}y_{\mathrm{eD}})}-\frac{\sin\sqrt{u}(y_{\mathrm{eD}}-X_{\mathrm{aa}})+\sinh\sqrt{u}[y_{\mathrm{eD}}-(-X_{\mathrm{ma}})]}{\sinh(\sqrt{u}y_{\mathrm{eD}})}\right\} \tag{7.3.9}$$

$$\begin{aligned}F_{\mathrm{D21}i}=&\psi\bar{q}_{\mathrm{D}i}\sum_{k=1}^{+\infty}\cos\left(k\pi\frac{x_{\mathrm{D}}}{x_{\mathrm{eD}}}\right)\times\frac{\varepsilon_k}{\varepsilon_k^2+\eta_k^2\cot^2\theta_i}\times\\&\left[\begin{array}{l}\dfrac{2}{\varepsilon_{\mathrm{k}}}\cos\left(\dfrac{k\pi\xi}{x_{\mathrm{eD}}}\right)+\dfrac{\sinh\varepsilon_k(y_{\mathrm{eD}}-X_{\mathrm{am}})-\sinh\varepsilon_k(y_{\mathrm{eD}}-X_{\mathrm{mm}})}{\varepsilon_k\sinh(\varepsilon_k y_{\mathrm{eD}})}\cos\left(k\pi\dfrac{x_{\mathrm{wD}}-L_{\mathrm{fD}i}\cos\theta_i}{x_{\mathrm{eD}}}\right)\\-\dfrac{\sinh\varepsilon_k(y_{\mathrm{eD}}-X_{\mathrm{aa}})+\sinh\varepsilon_k[y_{\mathrm{eD}}-(-X_{\mathrm{ma}})]}{\varepsilon_k\sinh(\varepsilon_k y_{\mathrm{eD}})}\cos\left(k\pi\dfrac{x_{\mathrm{wD}}+L_{\mathrm{fD}i}\cos\theta_i}{x_{\mathrm{eD}}}\right)\end{array}\right]\end{aligned} \tag{7.3.10}$$

$$F_{\mathrm{D22}i}=\psi\bar{q}_{\mathrm{D}i}\sum_{k=1}^{+\infty}\cos(\eta_k x_{\mathrm{D}})\times\frac{\eta_k\cot\theta_i}{\varepsilon_k^2+\eta_k^2\cot^2\theta_i}\times\left[\begin{aligned}&-\frac{\cosh\varepsilon_k(y_{\mathrm{eD}}-\chi_{\mathrm{mm}})+\cosh\varepsilon_k(y_{\mathrm{eD}}-\chi_{\mathrm{am}})}{\varepsilon_k\sinh(\varepsilon_k y_{\mathrm{eD}})}\sin\left(k\pi\frac{x_{\mathrm{wD}}-L_{\mathrm{fD}i}\cos\theta_i}{x_{\mathrm{eD}}}\right)\\&+\frac{\cosh\varepsilon_k(y_{\mathrm{eD}}-\chi_{\mathrm{aa}})+\cosh\varepsilon_k[y_{\mathrm{eD}}-(-\chi_{\mathrm{ma}})]}{\varepsilon_k\sinh(\varepsilon_k y_{\mathrm{eD}})}\sin\left(k\pi\frac{x_{\mathrm{wD}}+L_{\mathrm{fD}i}\cos\theta_i}{x_{\mathrm{eD}}}\right)\end{aligned}\right]\tag{7.3.11}$$

其中

$$\chi_{\mathrm{am}}=y_{\mathrm{D}}+(y_{\mathrm{wD}i}-L_{\mathrm{fD}i}\sin\theta_i)\qquad\chi_{\mathrm{mm}}=y_{\mathrm{D}}-(y_{\mathrm{wD}i}-L_{\mathrm{fD}i}\sin\theta_i)$$

$$\chi_{\mathrm{aa}}=y_{\mathrm{D}}+(y_{\mathrm{wD}i}+L_{\mathrm{fD}i}\sin\theta_i)\qquad\chi_{\mathrm{ma}}=y_{\mathrm{D}}-(y_{\mathrm{wD}i}+L_{\mathrm{fD}i}\sin\theta_i)$$

$$\xi=x_{\mathrm{wD}}+(y_{\mathrm{D}}-y_{\mathrm{wD}i})\cot\theta_i\qquad\eta_k=\frac{k\pi}{x_{\mathrm{eD}}}$$

情形 2:$y_{\mathrm{D}}\leqslant y_{\mathrm{wD}i}-L_{\mathrm{fD}i}\sin\theta_i$；$0\leqslant\theta\leqslant\pi$。

$$\bar{p}_{\mathrm{D}i}=\psi\int_{y_{\mathrm{wD}i}-L_{\mathrm{fD}i}\sin\theta_i}^{y_{\mathrm{wD}i}+L_{\mathrm{fD}i}\sin\theta_i}\bar{q}_{\mathrm{D}i}(\alpha\cos\theta_i,\alpha\sin\theta_i,s)\left\{\begin{aligned}&\left(\frac{\cosh\{\sqrt{u}[y_{\mathrm{eD}}-(\alpha\pm y_{\mathrm{D}})]\}}{\sqrt{u}\sinh(\sqrt{u}y_{\mathrm{eD}})}\right)+\\&\left[\begin{aligned}&2\sum_{k=1}^{+\infty}\cos\left(k\pi\frac{x_{\mathrm{D}}}{x_{\mathrm{eD}}}\right)\cos\left(k\pi\frac{x_{\mathrm{wD}}+(\alpha-y_{\mathrm{wD}i})\cot\theta_i}{x_{\mathrm{eD}}}\right)\\&\times\left(\frac{\cosh\{\varepsilon_k[y_{\mathrm{eD}}-(\alpha\pm y_{\mathrm{D}})]\}}{\varepsilon_k\sinh(\varepsilon_k y_{\mathrm{eD}})}\right)\end{aligned}\right]\end{aligned}\right\}\mathrm{d}\alpha\tag{7.3.12}$$

式(7.3.12)积分处理之后的结果分为三部分:

$$F_{\mathrm{D1}i}=\psi\bar{q}_{\mathrm{D}i}\left[\begin{aligned}&\left(-\frac{\sinh\sqrt{u}\{y_{\mathrm{eD}}-[(y_{\mathrm{wD}i}+L_{\mathrm{fD}i}\sin\theta_i)+y_{\mathrm{D}}]\}}{u\sinh(\sqrt{u}y_{\mathrm{eD}})}+\frac{\sinh\sqrt{u}\{y_{\mathrm{eD}}[(y_{\mathrm{wD}i}-L_{\mathrm{fD}i}\sin\theta_i)+y_{\mathrm{D}}]\}}{u\sinh(\sqrt{u}y_{\mathrm{eD}})}\right)\\&+\left(-\frac{\sinh\sqrt{u}\{y_{\mathrm{eD}}-[(y_{\mathrm{wD}i}+L_{\mathrm{fD}i}\sin\theta_i)-y_{\mathrm{D}}]\}}{u\sinh(\sqrt{u}y_{\mathrm{eD}})}+\frac{\sinh\sqrt{u}\{y_{\mathrm{eD}}-[(y_{\mathrm{wD}i}-L_{\mathrm{fD}i}\sin\theta_i)-y_{\mathrm{D}}]\}}{u\sinh(\sqrt{u}y_{\mathrm{eD}})}\right)\end{aligned}\right]\tag{7.3.13}$$

$$F_{\mathrm{D21}i}=\psi\bar{q}_{\mathrm{D}i}\left[\begin{aligned}&2\sum_{k=1}^{+\infty}\cos\left(k\pi\frac{x_{\mathrm{D}}}{x_{\mathrm{eD}}}\right)\times\frac{\varepsilon_k}{\varepsilon_k^2+\eta_k^2\cot^2\theta_i}\times\\&\left(\begin{aligned}&\frac{\sinh\varepsilon_k\{y_{\mathrm{eD}}-[(y_{\mathrm{wD}i}-L_{\mathrm{fD}i}\sin\theta_i)\pm y_{\mathrm{D}}]\}}{\varepsilon_k\sinh(\varepsilon_k y_{\mathrm{eD}})}\cos\left(k\pi\frac{x_{\mathrm{wD}}-L_{\mathrm{fD}i}\cos\theta_i}{x_{\mathrm{eD}}}\right)\\&-\frac{\sinh\varepsilon_k\{y_{\mathrm{eD}}-[(y_{\mathrm{wD}i}+L_{\mathrm{fD}i}\sin\theta_i)\pm y_{\mathrm{D}}]\}}{\varepsilon_k\sinh(\varepsilon_k y_{\mathrm{eD}})}\cos\left(k\pi\frac{x_{\mathrm{wD}}+L_{\mathrm{fD}i}\cos\theta_i}{x_{\mathrm{eD}}}\right)\end{aligned}\right)\end{aligned}\right]\tag{7.3.14}$$

$$F_{\mathrm{D22}i}=\psi\bar{q}_{\mathrm{D}i}\left[\begin{array}{l}2\sum_{k=1}^{+\infty}\cos\left(k\pi\frac{x_{\mathrm{D}}}{x_{\mathrm{eD}}}\right)\times\frac{\eta_k\cot\theta_i}{\varepsilon_k^2+\eta_k^2\cot^2\theta_i}\\ \left(\begin{array}{l}\frac{\cosh\varepsilon_k\{y_{\mathrm{eD}}-[(y_{\mathrm{wD}i}+L_{\mathrm{fD}i}\sin\theta_i)\pm y_{\mathrm{D}}]\}}{\varepsilon_k\sinh(\varepsilon_k y_{\mathrm{eD}})}\sin\left(k\pi\frac{x_{\mathrm{wD}}+L_{\mathrm{fD}i}\cos\theta_i}{x_{\mathrm{eD}}}\right)\\ -\frac{\cosh\varepsilon_k\{y_{\mathrm{eD}}-[(y_{\mathrm{wD}i}-L_{\mathrm{fD}i}\sin\theta_i)\pm y_{\mathrm{D}}]\}}{\varepsilon_k\sinh(\varepsilon_k y_{\mathrm{eD}})}\sin\left(k\pi\frac{x_{\mathrm{wD}}-L_{\mathrm{fD}i}\cos\theta_i}{x_{\mathrm{eD}}}\right)\end{array}\right)\end{array}\right] \tag{7.3.15}$$

情形 3：$y_{\mathrm{D}}\geqslant y_{\mathrm{wD}i}+L_{\mathrm{fD}i}\sin\theta_i$；$0\leqslant\theta\leqslant\pi$。

$$\bar{p}_{\mathrm{D}i}=\psi\int_{y_{\mathrm{wD}i}-L_{\mathrm{fD}i}\sin\theta_i}^{y_{\mathrm{wD}i}+L_{\mathrm{fD}i}\sin\theta_i}\bar{q}_{\mathrm{D}i}\left\{\begin{array}{l}\left(\frac{\cosh\{\sqrt{u}[y_{\mathrm{eD}}-(y_{\mathrm{D}}\pm 2)]\}}{\sqrt{u}\sinh(\sqrt{u}y_{\mathrm{eD}})}\right)\\ \left[\begin{array}{l}2\sum_{k=1}^{+\infty}\cos\left(k\pi\frac{x_{\mathrm{D}}}{x_{\mathrm{eD}}}\right)\cos\left(k\pi\frac{x_{\mathrm{wD}}+(\alpha-y_{\mathrm{wD}i})\cot\theta_i}{x_{\mathrm{eD}}}\right)\times\\ \left(\frac{\cosh\varepsilon_k[y_{\mathrm{eD}}-(y_{\mathrm{D}}\pm\alpha)]}{\varepsilon_k\sinh(\varepsilon_k y_{\mathrm{eD}})}\right)\end{array}\right]\end{array}\right\}\mathrm{d}\alpha \tag{7.3.16}$$

式(7.3.16)的积分结果分为三部分：

$$F_{\mathrm{D1}i}=\psi\bar{q}_{\mathrm{D}i}\left(\begin{array}{l}\frac{\sinh\sqrt{u}\{y_{\mathrm{eD}}-[y_{\mathrm{D}}-(y_{\mathrm{wD}i}+L_{\mathrm{fD}i}\sin\theta_i)]\}-\sinh\sqrt{u}\{y_{\mathrm{eD}}-[y_{\mathrm{D}}+(y_{\mathrm{wD}i}+L_{\mathrm{fD}i}\sin\theta_i)]\}}{u\sinh(\sqrt{u}y_{\mathrm{eD}})}\\ -\frac{\sinh\sqrt{u}\{y_{\mathrm{eD}}-[y_{\mathrm{D}}-(y_{\mathrm{wD}i}-L_{\mathrm{fD}i}\sin\theta_i)]\}-\sinh\sqrt{u}\{y_{\mathrm{eD}}-[y_{\mathrm{D}}+(y_{\mathrm{wD}i}-L_{\mathrm{fD}i}\sin\theta_i)]\}}{u\sinh(\sqrt{u}y_{\mathrm{eD}})}\end{array}\right) \tag{7.3.17}$$

$$F_{\mathrm{D21}i}=\psi\bar{q}_{\mathrm{D}i}\times 2\sum_{k=1}^{+\infty}\left\{\begin{array}{l}\cos\left(k\pi\frac{x_{\mathrm{D}}}{x_{\mathrm{eD}}}\right)\times\frac{\varepsilon_k}{\varepsilon_k^2+\eta_k^2\cot^2\theta_i}\times\\ \left[\begin{array}{l}\left(\begin{array}{l}\frac{\sinh\varepsilon_k\{y_{\mathrm{eD}}-[y_{\mathrm{D}}+(y_{\mathrm{wD}i}-L_{\mathrm{fD}i}\sin\theta_i)]\}}{\varepsilon_k\sinh(\varepsilon_k y_{\mathrm{eD}})}\cos\left(k\pi\frac{x_{\mathrm{wD}}-L_{\mathrm{fD}i}\cos\theta_i}{x_{\mathrm{eD}}}\right)\\ -\frac{\sinh\varepsilon_k\{y_{\mathrm{eD}}-[y_{\mathrm{D}}+(y_{\mathrm{wD}i}+L_{\mathrm{fD}i}\sin\theta_i)]\}}{\varepsilon_k\sinh(\varepsilon_k y_{\mathrm{eD}})}\cos\left(k\pi\frac{x_{\mathrm{wD}}+L_{\mathrm{fD}i}\cos\theta_i}{x_{\mathrm{eD}}}\right)\end{array}\right)\\ +\left(\begin{array}{l}\frac{\sinh\varepsilon_k\{y_{\mathrm{eD}}-[y_{\mathrm{D}}+(y_{\mathrm{wD}i}+L_{\mathrm{fD}i}\sin\theta_i)]\}}{\varepsilon_k\sinh(\varepsilon_k y_{\mathrm{eD}})}\cos\left(k\pi\frac{x_{\mathrm{wD}}+L_{\mathrm{fD}i}\cos\theta_i}{x_{\mathrm{eD}}}\right)\\ -\frac{\sinh\varepsilon_k\{y_{\mathrm{eD}}-[y_{\mathrm{D}}+(y_{\mathrm{wD}i}-L_{\mathrm{fD}i}\sin\theta_i)]\}}{\varepsilon_k\sinh(\varepsilon_k y_{\mathrm{eD}})}\cos\left(k\pi\frac{x_{\mathrm{wD}}-L_{\mathrm{fD}i}\cos\theta_i}{x_{\mathrm{eD}}}\right)\end{array}\right)\end{array}\right]\end{array}\right\} \tag{7.3.18}$$

$$F_{D22i}=\psi\bar{q}_{Di}\left[\begin{array}{l}2\sum_{k=1}^{+\infty}\cos\left(k\pi\frac{x_D}{x_{eD}}\right)\times\frac{\eta_k\cot\theta_i}{\varepsilon_k^2+\eta_k^2\cot^2\theta_i}\\ \left(\begin{array}{l}\frac{\cosh\varepsilon_k\{y_{eD}-[y_D+(y_{wDi}+L_{fDi}\sin\theta_i)]\}}{\varepsilon_k\sinh(\varepsilon_k y_{eD})}\sin\left(k\pi\frac{x_{wD}+L_{fDi}\cos\theta_i}{x_{eD}}\right)\\ -\frac{\cosh\varepsilon_k\{y_{eD}-[y_D+(y_{wDi}-L_{fDi}\sin\theta_i)]\}}{\varepsilon_k\sinh(\varepsilon_k y_{eD})}\sin\left(k\pi\frac{x_{wD}-L_{fDi}\cos\theta_i}{x_{eD}}\right)\end{array}\right)\\ +\left(\begin{array}{l}\frac{\cosh\varepsilon_k\{y_{eD}-[y_D-(y_{wDi}+L_{fDi}\sin\theta_i)]\}}{\varepsilon_k\sinh(\varepsilon_k y_{eD})}\sin\left(k\pi\frac{x_{wD}+L_{fDi}\cos\theta_i}{x_{eD}}\right)\\ -\frac{\cosh\varepsilon_k\{y_{eD}-[y_D-(y_{wDi}-L_{fDi}\sin\theta_i)]\}}{\varepsilon_k\sinh(\varepsilon_k y_{eD})}\sin\left(k\pi\frac{x_{wD}-L_{fDi}\cos\theta_i}{x_{eD}}\right)\end{array}\right)\end{array}\right]$$

(7. 3. 19)

7. 3. 2 储层与裂缝模型耦合求解

通过将裂缝模型解与储层模型解耦合并对裂缝进行网格离散,结合压降叠加原理得到 Laplace 空间下盒状封闭油藏多段压裂水平井复杂裂缝模型井底压力解。

无论计算点位于哪个位置,最终盒状封闭油藏任意一条夹角裂缝井底压力都可以写成以下形式:

$$\bar{p}_{fDi}(x_{wDi},y_{wDi},x_D,y_D,x_{eD},y_{eD},\theta_i)=F_{D1i}+F_{D21i}+F_{D22i} \tag{7.3.20}$$

计算点的位置不同,式(7. 3. 20)右边三个表达式形式不同。

同样,将式(7. 3. 20)与式(3. 2. 21)和式(3. 2. 23)联立求得盒状油藏多段压裂水平井复杂裂缝离散表达式为:

$$\begin{gathered}\bar{p}_{vD}-\sum_{i=1}^{M}\sum_{j=1}^{N_i}\bar{p}_{fDi,j}(x_{wDi,j},y_{wDi,j},x_{Dm,k},y_{Dm,k},x_{eD},y_{eD},\theta_i)=\\ \frac{2\pi}{C_{fD}}\left\{L_{wDm,k}\sum_{k=1}^{N_m}\bar{q}_{fDm,k}\Delta L_{Dm}-\frac{\Delta L_{Dm}^2}{8}\bar{q}_{fDm,k}-\sum_{j=1}^{k-1}\bar{q}_{fDm,j}[(k-j)\Delta L_{Dm}^2]\right\}\\ 1\leqslant m\leqslant M,1\leqslant k\leqslant N_i\end{gathered} \tag{7.3.21}$$

根据质量守恒方程有:

$$\sum_{i=1}^{M}\sum_{j=1}^{N_i}\bar{q}_{Di}\Delta L_{Di}=\frac{1}{s} \tag{7.3.22}$$

类似于柱状油藏多段压裂水平井复杂裂缝解的形式一样,式(7. 3. 22)可以写成矩阵形式,利用高斯消元法求解矩阵得到系数矩阵 $\bar{q}_D$ 的值,进一步得到 Laplace 空间盒状封闭油藏不考虑井储和表皮影响的多段压裂水平井复杂裂缝井底压力解,利用 Stehfest 数值反演计算实空间井底压力。

7.4　计算结果与影响因素分析

7.4.1　计算结果验证对比分析

图 7.4.1 是双重介质油藏多段压裂水平井复杂裂缝简化模型与多段压裂水平井 Saphir 数值解的对比。一些基本参数取值相等，$L_h = 4000m$，$h = 10m$，$\phi = 0.1$，$r_w = 0.1m$，$\omega = 0.1$，$\mu = 1mPa \cdot s$，$C_t = 1\times10^{-4}MPa^{-1}$，$C_{fD} = 20$。为了准确地验证模型，本文模型和 Saphir 模型不同的参数见表 7.4.1。从图 7.4.1 中可以看出，利用多翼裂缝模型计算得到的结果与 Saphir 数值解结果吻合，也验证了本文模型的正确性。

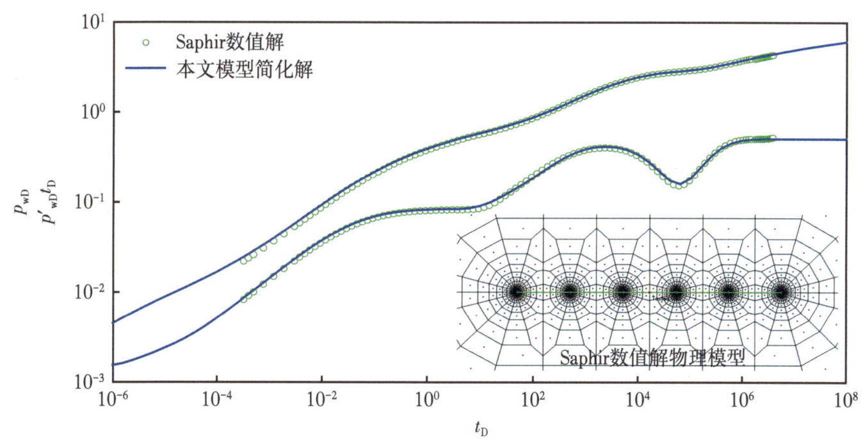

图 7.4.1　多段压裂水平井对比验证

表 7.4.1　验证参数

Saphir 计算结果							
裂缝条数	窜流系数	裂缝半长(m)					
6	1×10^{-10}	20	20	20	20	20	20
本文计算结果							
裂缝条数	裂缝编号	1	2	3	4	5	6
12	裂缝长度(m)	20	20	20	20	20	20
窜流系数	裂缝夹角(°)	90	270	90	270	90	270
4×10^{-6}	裂缝编号	7	8	9	10	11	12
参考长度(m)	裂缝长度(m)	20	20	20	20	20	20
20	裂缝夹角(°)	90	270	90	270	90	270

7.4.2　特征曲线影响因素分析

图 7.4.2 为裂缝夹角对试井曲线的影响。裂缝夹角的变化影响压力波的传播速度，同时，裂缝夹角也增大了裂缝与裂缝之间的干扰程度。裂缝夹角越小，压力波从井筒传播到地层需要的时间越长，储层流体流入井筒所需要的压差就越大，双线性流和线性流阶段压力曲线越高。

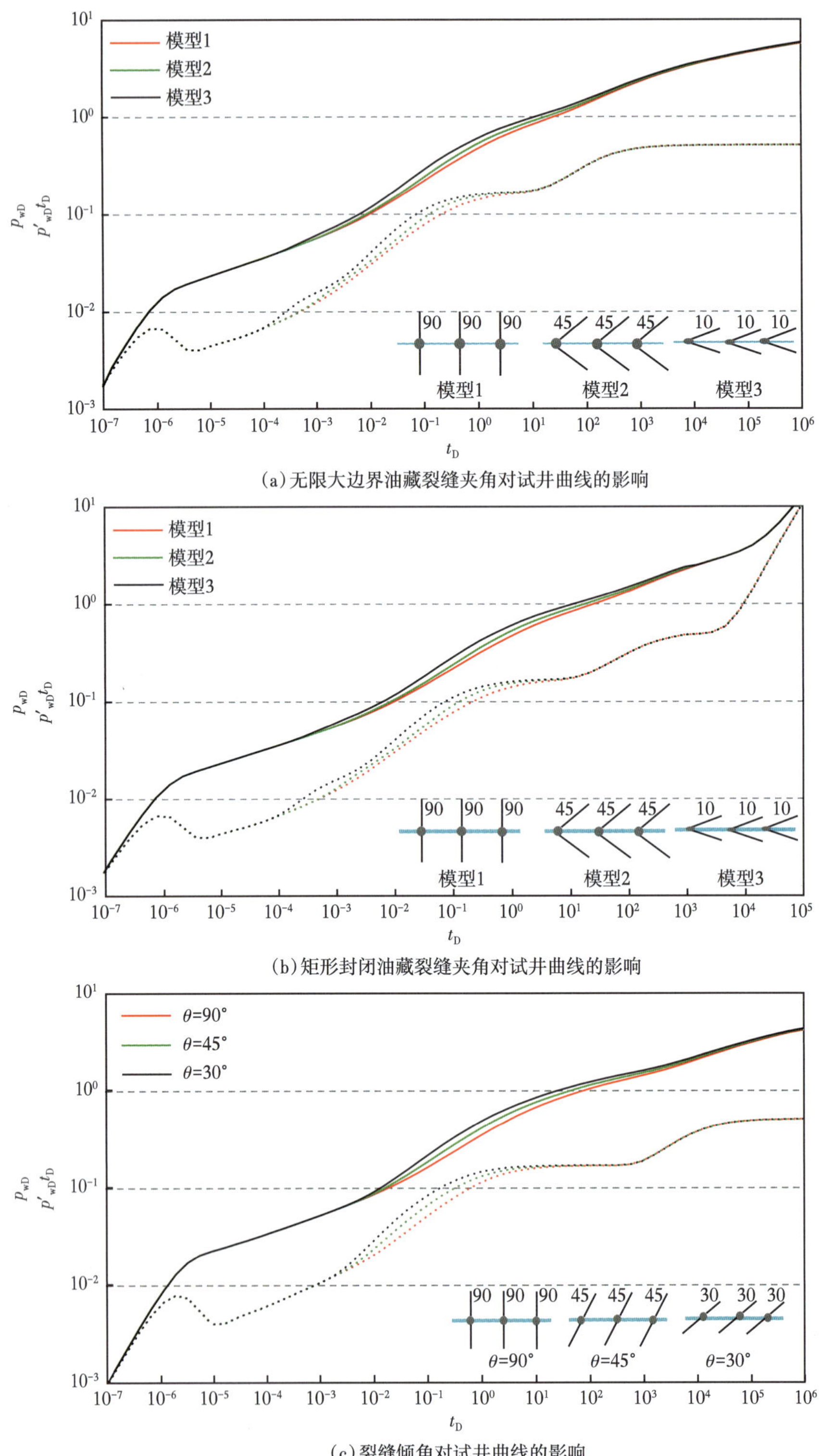

(a)无限大边界油藏裂缝夹角对试井曲线的影响

(b)矩形封闭油藏裂缝夹角对试井曲线的影响

(c)裂缝倾角对试井曲线的影响

图 7.4.2　裂缝夹角对试井曲线的影响

图 7.4.3 为裂缝不对称对试井曲线的影响。从图中可以看出,裂缝不对称只影响早期阶段压力和压力导数曲线形态。当裂缝不对称且与井筒存在一定夹角时,裂缝越不对称,流体流入井筒所需要的压降越大,早期双线性流和线性流阶段井底压力曲线越高。

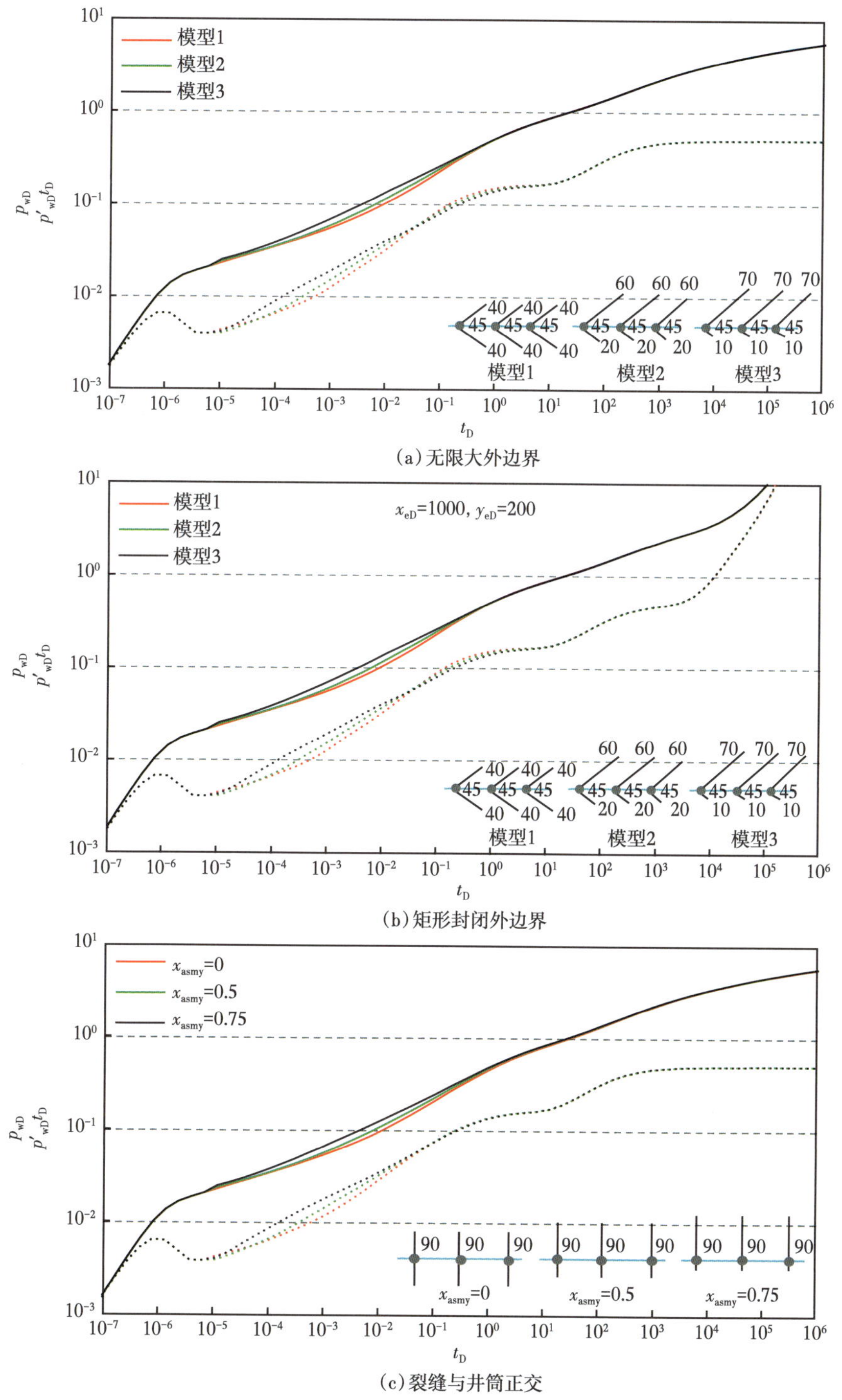

(a)无限大外边界

(b)矩形封闭外边界

(c)裂缝与井筒正交

图 7.4.3 裂缝不对称对试井曲线的影响

图 7.4.4 为裂缝条数对试井曲线的影响。在水平井长度一定的情况下，裂缝条数的增加提高了压力波传播速度，流体流入所需要的压降越小。因此，裂缝条数越多，双线性流、线性流阶段和早期径向流阶段压力曲线降低。此外，随着裂缝条数的增加，裂缝与裂缝之间的距离越小，早期径向流持续时间越短。

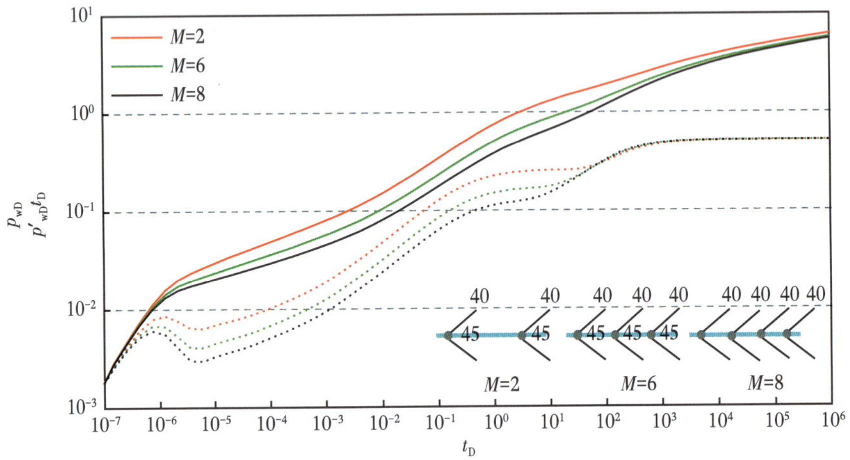

图 7.4.4　裂缝条数对试井曲线的影响

图 7.4.5 为裂缝间距对试井曲线的影响。从图中可以看出，裂缝间距越小，裂缝干扰性越强，压力波向外传播的速度越慢，早期径向流、系统径向流及拟稳态流动阶段压力曲线越高，早期径向流特征越不明显。

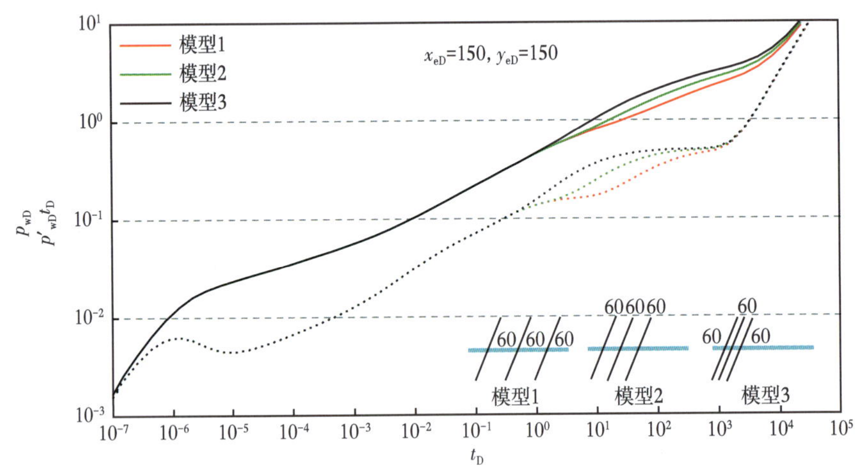

图 7.4.5　裂缝间距对试井曲线的影响

图 7.4.6 为裂缝长度对试井曲线的影响。在水平井多段压裂过程中，由于射孔孔径大小不同导致压开的裂缝长短不一。当裂缝呈等长均匀分布、中间长两边短均匀分布和中间短两边长均匀分布三种分布方式时，假定所有裂缝长度总和不相等，总的裂缝长度越长，裂缝与储

层接触总面积越大,流体流入井筒所需要的压降越小,早期压力和压力导数曲线越高。

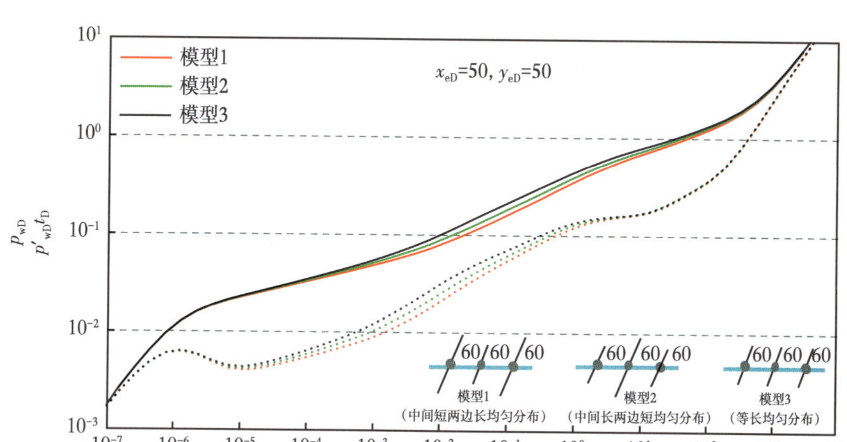

图 7.4.6　裂缝长度对试井曲线的影响

图 7.4.7 为裂缝不对称分布方式对试井曲线的影响。为了分析不对称裂缝对试井曲线的影响,在 1000m 长度的水平井共压裂 15 条裂缝,裂缝分布如图 7.4.8 所示:对称裂缝、裂缝偏向一侧和交错分布的非对称裂缝。三种情形的计算结果如图 7.4.7 所示,裂缝不对称主要影响双线流和线性流过渡阶段,当裂缝交错分布时,裂缝控制区域变大,流体流入井筒消耗的压力小,压力和压力导数曲线越低,裂缝偏向一侧并没有改变裂缝的有效控制面积,在短的一侧流体流入井筒所消耗的压降变大,因此压力曲线高。因此,在实际水平井压裂过程中通过压裂交错裂缝来降低流体流入井筒的压力消耗。

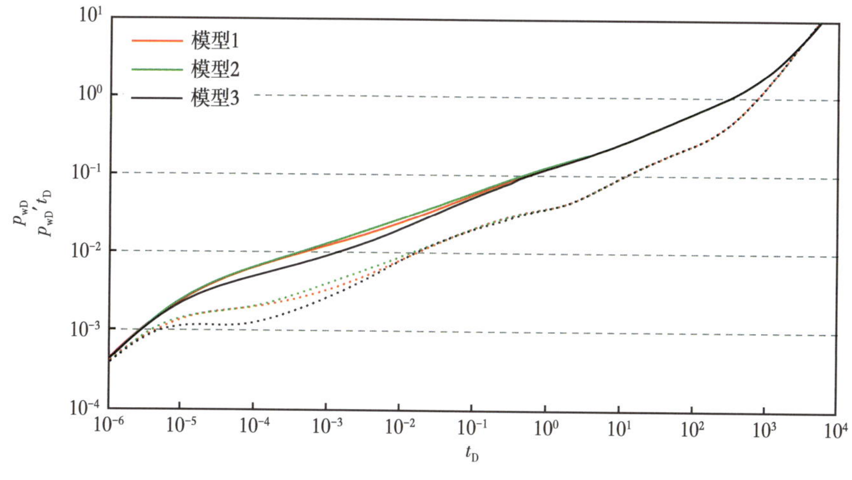

图 7.4.7　裂缝不对称分布方式对试井曲线的影响

图 7.4.9 为不等裂缝半长对试井曲线的影响。为了分析不等裂缝半长对试井曲线的影响,在 1000m 长度的水平井共压裂 15 条裂缝,裂缝的总长度设置为相等,裂缝分布如图

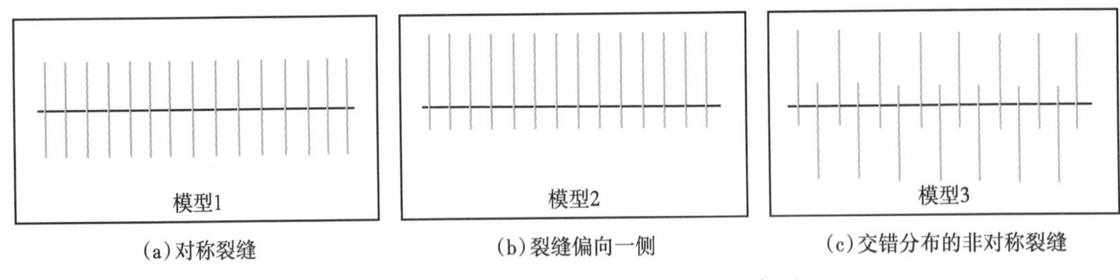

图 7.4.8 裂缝不对称分布方式模型示意图

7.4.10 所示：不同位置的裂缝半长相等、中部裂缝半长最长和中部裂缝半长最短。三种情形的计算结果如图 7.4.9 所示，从图中可以看出：无论是中部最长还是最短，都不影响井底压力曲线变化，由于裂缝总长度相等，因此，压裂裂缝总的控制面积相同，所以，不等裂缝半长对曲线的影响很不明显。

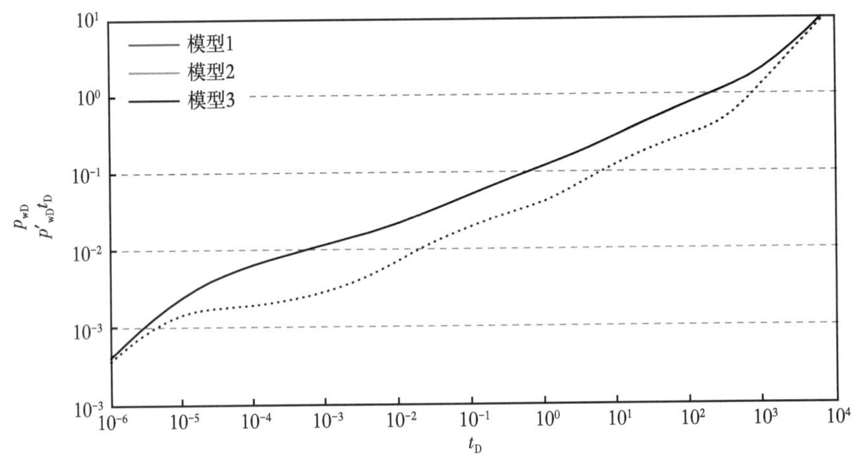

图 7.4.9 不等裂缝半长对试井曲线的影响

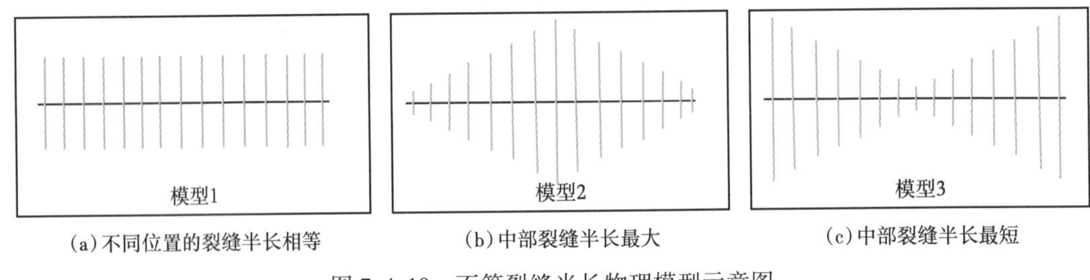

图 7.4.10 不等裂缝半长物理模型示意图

图 7.4.11 为不等缝间距对试井曲线的影响。为了分析不等缝间距对试井曲线的影响，在 1000m 长度的水平井共压裂 15 条裂缝，裂缝的总长度设置为相等，多段压裂水平井不等缝间距物理模型示意图如图 7.4.12 所示：相等裂缝间距、中间裂缝密集、两端裂缝稀疏，中间裂缝少、两端裂缝密集。三种情形的计算结果如图 7.4.11 所示，从图中可以看出：裂缝间距的影响主要集中在地层向裂缝的线性流阶段以及后面的过渡流阶段，在水平井长度和裂

缝条数相等的情况下,裂缝间距影响流体围绕系统径向流的持续时间。但是当裂缝条数很多时特征很不明显。

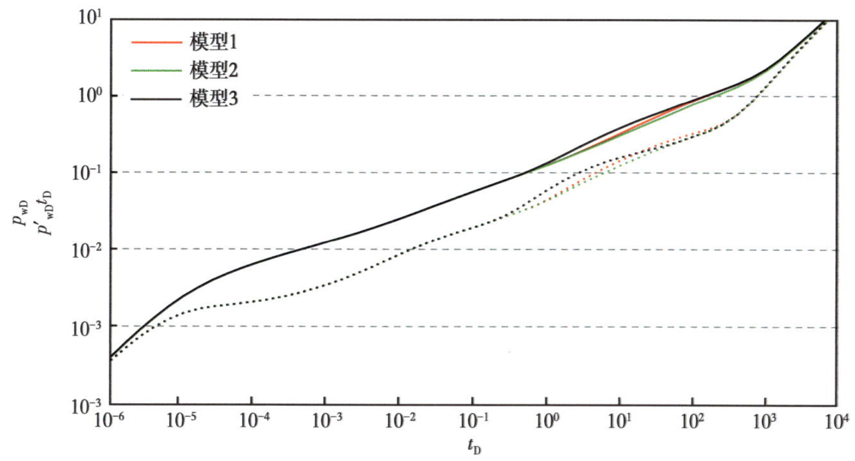

图 7.4.11 不等缝间距对试井曲线的影响

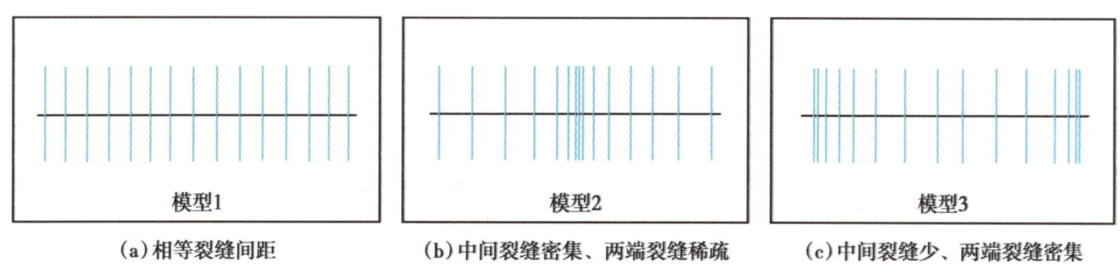

(a) 相等裂缝间距　(b) 中间裂缝密集、两端裂缝稀疏　(c) 中间裂缝少、两端裂缝密集

图 7.4.12 不等缝间距物理模型示意图

8 基于线性流多段压裂水平井试井模型研究

体积压裂是提高油气井产量、储层改造的有效方法,如何准确描述水平井体积压裂不稳定渗流特征成为研究的重点与难点。水平井多级压裂之后,压裂井主裂缝周围往往存在一些微观裂缝,这些微观裂缝的存在降低了井筒周围流体流动阻力。因此,在前人研究的基础上[68-74],本章主要基于三线性流和五线性流模型对多段压裂水平井井底压力动态展开研究。首先,建立储层线性流模型,通过 Laplace 积分变换求得 Laplace 空间井底压力解;其次,利用 Stehfest 数值反演求的实空间井底压力解并进行流动阶段分析,分析各参数对井底压力动态特征曲线的影响。

8.1 基于三线性流模型多段压裂水平井试井模型研究

8.1.1 三线性流物理模型

三线性流物理模型示意图如图 8.1.1 所示,单个裂缝所控制的区域被分为两个区域,储层中的流体从区域 2(未改造区)流入区域 1(SRV),流体从区域 2 到区域 1,再从区域 1 到压裂裂缝的流动过程都为线性流动,流体在裂缝中的流动也是线性流动,在井筒附近的径向流动可以用汇聚表皮来描述。

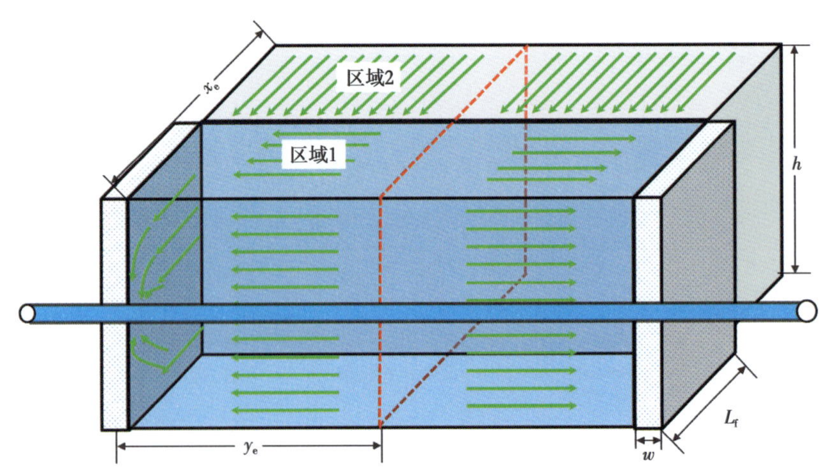

图 8.1.1 三线性流三维模型示意图

为了更好地建立三线性流数学模型,其基本假设条件如下:

(1) 流体在储层中的流动为线性流,且流体在储层与裂缝中的流动满足达西渗流规律;

(2) 流体在储层和裂缝中的流动为等温渗流,不考虑毛细管力和重力的影响;

(3) 多段压裂水平井裂缝条数为 M,水平井以定产量 q_{sc} 生产;

(4) 裂缝沿井筒方向等距分布,单个裂缝沿井筒方向所控制的区域为 y_e,储层宽度为 x_e,每条裂缝长度相等且为 L_f;

(5) 压裂裂缝末端没有流体流入压裂裂缝。

8.1.2 三线性流试井数学模型的建立与求解

基于上述假设条件,以裂缝与井筒的交点为坐标原点建立直角坐标系(图 8.1.2),基于该直角坐标系建立不同流动区域渗流微分方程和边界条件。

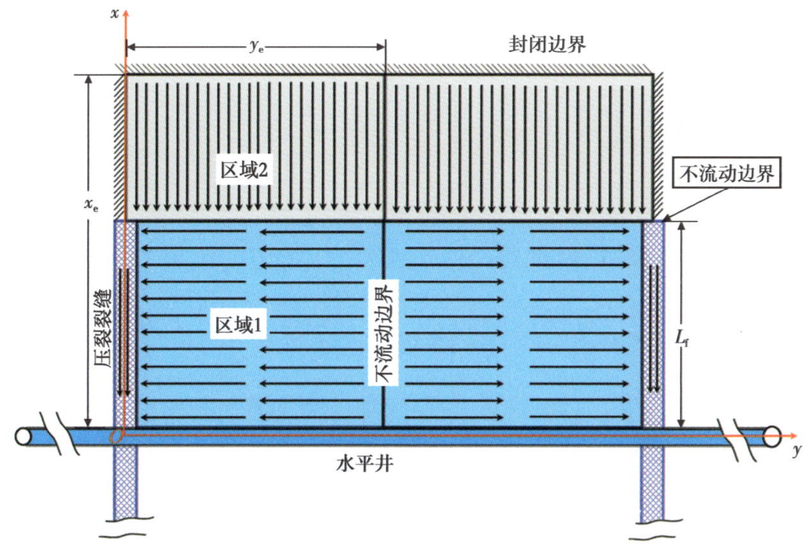

图 8.1.2 三线性流二维模型示意图

针对每一个渗流区域,联立运动方程、状态方程、质量守恒方程可获得渗流微分方程,再加上边界条件、初始条件和界面连接条件即构成各区的渗流数学模型。

基质向裂缝中的窜流分为稳态窜流和拟稳态窜流,基于不同的窜流方式,建立区域 $i(i=1,2)$ 的渗流微分方程。为了分析不同模型,假定储层区域 $i(i=1,2)$ 都是由基质和天然裂缝组成。基于运动方程、状态方程和连续性方程,考虑流体在 x 和 y 方向流动,建立天然裂缝与基质渗流微分方程。

区域 $i(i=1,2)$ 天然裂缝渗流微分方程:

$$\frac{\partial}{\partial x}\left(\frac{K_{\text{nf}i}}{\mu}\frac{\partial p_{\text{nf}i}}{\partial x}\right)+\frac{\partial}{\partial y}\left(\frac{K_{\text{nf}i}}{\mu}\frac{\partial p_{\text{nf}i}}{\partial y}\right)+q_{\text{m}}=\phi_{\text{nf}i}C_{\text{tnf}i}\frac{\partial p_{\text{nf}i}}{\partial t} \tag{8.1.1}$$

(1) 不稳态窜流。

当基质中的流体向裂缝中的窜流为不稳态窜流时,基质中的渗流微分方程为:

$$\frac{1}{r_{\mathrm{m}}^{2}}\frac{\partial}{\partial r_{\mathrm{m}}}\left(\frac{K_{\mathrm{m}i}}{\mu}r_{\mathrm{m}}^{2}\frac{\partial p_{\mathrm{m}i}}{\partial r_{\mathrm{m}}}\right)=\phi_{\mathrm{m}i}C_{\mathrm{tm}i}\frac{\partial p_{\mathrm{m}i}}{\partial t} \tag{8.1.2}$$

在式(8.1.1)中,如果基质向裂缝的窜流为不稳态窜流时,q_{m} 可以写为:

$$q_{\mathrm{m}}=-\frac{3\rho_{\mathrm{g}}}{R_{\mathrm{m}}}\frac{K_{\mathrm{m}i}}{\mu}\frac{\partial p_{\mathrm{m}i}}{\partial r_{\mathrm{m}}}\bigg|_{r_{\mathrm{m}}=R_{\mathrm{m}}} \tag{8.1.3}$$

对于基质而言,基质内初始时刻压力等于原始地层压力:

$$p_{\mathrm{m}i}(t=0,r_{\mathrm{m}})=p_{\mathrm{e}} \tag{8.1.4}$$

对于球形基质块而言,在球形基质块中心处没有流体流动:

$$\frac{\partial p_{\mathrm{m}i}}{\partial r_{\mathrm{m}}}\bigg|_{r_{\mathrm{m}}=0}=0 \tag{8.1.5}$$

在球形基质块外边界,基质压力等于天然裂缝压力。

$$p_{\mathrm{m}i}\big|_{r_{\mathrm{m}}=R_{\mathrm{m}}}=p_{\mathrm{f}i}\big|_{r_{\mathrm{m}}=R_{\mathrm{m}}} \tag{8.1.6}$$

将式(8.1.3)代入式(8.1.1)得到:

$$\frac{\partial}{\partial x}\left(\frac{K_{\mathrm{nf}i}}{\mu}\frac{\partial p_{\mathrm{nf}i}}{\partial x}\right)+\frac{\partial}{\partial y}\left(\frac{K_{\mathrm{nf}i}}{\mu}\frac{\partial p_{\mathrm{nf}i}}{\partial y}\right)=\phi_{\mathrm{nf}i}C_{\mathrm{tnf}i}\frac{\partial p_{\mathrm{nf}i}}{\partial t}-\frac{3\rho_{\mathrm{g}}}{R_{\mathrm{m}}}\frac{K_{\mathrm{m}i}}{\mu}\frac{\partial p_{\mathrm{m}i}}{\partial r_{\mathrm{m}}}\bigg|_{r_{\mathrm{m}}=R_{\mathrm{m}}} \tag{8.1.7}$$

根据表8.1.1所给的无量纲变量定义,式(8.1.2)至式(8.1.7)无量纲表达式为:

$$\frac{\partial}{\partial x_{\mathrm{D}}}\left(\frac{\partial p_{\mathrm{nfD}i}}{\partial x_{\mathrm{D}}}\right)+\frac{\partial}{\partial y_{\mathrm{D}}}\left(\frac{\partial p_{\mathrm{nfD}i}}{\partial y_{\mathrm{D}}}\right)=\omega_{\mathrm{f}i}\eta_{1i}\frac{\partial p_{\mathrm{nfD}i}}{\partial t_{\mathrm{D}}}+\frac{\lambda_{i}}{5}\frac{\partial p_{\mathrm{mD}i}}{\partial r_{\mathrm{mD}}}\bigg|_{r_{\mathrm{mD}}=1} \tag{8.1.8}$$

$$\frac{1}{r_{\mathrm{mD}}^{2}}\frac{\partial}{\partial r_{\mathrm{mD}}}\left(r_{\mathrm{mD}}^{2}\frac{\partial p_{\mathrm{mD}i}}{\partial r_{\mathrm{mD}}}\right)=\frac{15(1-\omega_{\mathrm{f}i})\eta_{1i}}{\lambda_{i}}\frac{\partial p_{\mathrm{mD}i}}{\partial t_{\mathrm{D}}} \tag{8.1.9}$$

$$p_{\mathrm{mD}i}(t_{\mathrm{D}}=0,r_{\mathrm{mD}})=0 \tag{8.1.10}$$

$$\frac{\partial p_{\mathrm{mD}i}}{\partial r_{\mathrm{mD}}}\bigg|_{r_{\mathrm{mD}}=0}=0 \tag{8.1.11}$$

$$p_{\mathrm{mD}}\big|_{r_{\mathrm{mD}}=1}=p_{\mathrm{nfD}i}\big|_{r_{\mathrm{mD}}=1} \tag{8.1.12}$$

表8.1.1 无量纲变量定义

变　　量	无量纲定义
无量纲基质球形颗粒半径	$r_{\mathrm{mD}}=\frac{r_{\mathrm{m}}}{R_{\mathrm{m}}}$
无量纲 x, y 坐标	$x_{\mathrm{D}}=\frac{x}{L_{\mathrm{f}}}$, $y_{\mathrm{D}}=\frac{y}{L_{\mathrm{f}}}$

续表

变　量	无量纲定义
无量纲时间	$t_D=\frac{n_1 t}{L_f^2}$
区域 1 与压裂裂缝的流度比	$M_{1f}=\frac{K_{nf1}}{\mu}\Big/\frac{K_f}{\mu}$
区域 i 窜流系数(i=1,2,3,4)	$\lambda_i=\delta\frac{K_{mi}}{K_{nf\alpha i}}L_f^2$
区域 i 导压系数(i=1,2,3,4)	$\eta_i=\frac{K_{nfi}}{(\phi_m C_{tm}+\phi_f C_{tnf})_i\mu_i}$
压裂裂缝导压系数	$\eta_F=\frac{K_f}{\phi_f C_{tf}\mu}$
区域 i 弹性储容比(i=1,2,3,4)	$\omega_{fi}=\frac{\phi_{nfi}C_{fnfi}}{(\phi_m C_{tm}+\phi_{nf}C_{tnf})_i}$
区域 1 和区域 i 的导压系数比	$\eta_{1i}=\frac{\eta_1}{\eta_i}$
区域 i 天然裂缝系统无量纲压力(i=1,2,3,4)	$p_{fDi}=\frac{2\pi K_{nfi}h}{q_{sc}\mu}(p_e-p_{fi})$
压裂裂缝无量纲压力(i=1,2,3,4)	$p_{fD}=\frac{2\pi K_{nf1}h}{q_{sc}\mu}(p_e-p_f)$
区域 i 基质系统无量纲压力(i=1,2,3,4)	$p_{mDi}=\frac{2\pi K_{nfi}h}{q_{sc}\mu}(p_e-p_{mi})$
区域 1 与区域 i 的流度比	$M_{1i}=\frac{K_{nf1}}{\mu}\Big/\frac{K_{nfi}}{\mu}$
无量纲裂缝导流能力	$C_{fD}=\frac{K_f w_f}{K_{nf1}L_f}$
无量纲裂缝宽度	$w_D=\frac{w_f}{L_{ref}}$

式中　C_{fD}——无量纲压裂裂缝导流能力；

C_{tnfi}——区域 i 裂缝系统综合压缩系数，atm^{-1}；

C_{tmi}——区域 i 基质系统综合压缩系数，atm^{-1}；

h——储层厚度，cm；

K_{nfi}——区域 i 天然裂缝系统渗透率，D；

K_{mi}——区域 i 基质系统渗透率,D;

L_f——裂缝半长,cm;

w_f——裂缝宽度,cm;

p_{mi}——区域 i 基质系统储层压力,atm;

p_f——压裂裂缝压力,atm;

p_{nfi}——区域 i 天然裂缝系统储层压力,atm;

p_e——原始地层压力,atm;

R_m——球状基质块半径,cm;

x_e——储层宽度,cm;

y_e——压裂裂缝间距半长,cm;

ϕ_{nfi}——区域 i 天然裂缝系统孔隙度;

ϕ_{mi}——区域 i 基质系统孔隙度;

μ——流体黏度,mPa · s;

t——生产时间,s;

q_{sc}——压裂水平井井底生产总产量,cm^3/s;

δ——形状因子。

对式(8.1.8)至式(8.1.12)进行 Laplace 变换得到:

$$\frac{\partial}{\partial x_D}\left(\frac{\partial \bar{p}_{nfDi}}{\partial x_D}\right)+\frac{\partial}{\partial y_D}\left(\frac{\partial \bar{p}_{nfDi}}{\partial y_D}\right)=\omega_{fi}\eta_{1i}s\bar{p}_{nfDi}+\frac{\lambda_i}{5}\frac{\partial \bar{p}_{mDi}}{\partial r_{mD}}\bigg|_{r_{mD}=1} \tag{8.1.13}$$

$$\frac{1}{r_{mD}^2}\frac{\partial}{\partial r_{mD}}\left(r_{mD}^2\frac{\partial \bar{p}_{mDi}}{\partial r_{mD}}\right)=\frac{15(1-\omega_{fi})\eta_{1i}s}{\lambda_i}\bar{p}_{mDi} \tag{8.1.14}$$

$$\frac{\partial \bar{p}_{mDi}}{\partial r_{mD}}\bigg|_{r_{mD}=0}=0 \tag{8.1.15}$$

$$\bar{p}_{mDi}\big|_{r_{mD}=1}=\bar{p}_{nfDi}\big|_{r_{mD}=1} \tag{8.1.16}$$

如果定义$\chi_m=r_{mD}\bar{\psi}_{mDi}$,式(8.1.14)可以写为:

$$\frac{\partial^2\chi_m}{\partial r_{mD}^2}=u_{mi}\chi_m \tag{8.1.17}$$

其中

$$u_{mi}=\frac{15(1-\omega_{fi})\eta_{1i}s}{\lambda_i}$$

$$\varepsilon_{mi}=\sqrt{u_{mi}}$$

式(8.1.17)的通解为:

$$\chi_m=A\sinh(\varepsilon_{mi}r_{mD})+B\cosh(\varepsilon_{mi}r_{mD}) \tag{8.1.18}$$

结合外边界条件：

$$\left.\frac{\bar{p}_{\mathrm{mD}i}}{r_{\mathrm{mD}}}\right|_{r_{\mathrm{mD}}=1}=[\varepsilon_{\mathrm{m}i}\coth(\varepsilon_{\mathrm{m}i})-1]\bar{p}_{\mathrm{nfD}i} \tag{8.1.19}$$

将式(8.1.19)代入式(8.1.13)并整理可以得到：

$$\frac{\partial}{\partial x_{\mathrm{D}}}\left(\frac{\partial\bar{p}_{\mathrm{nfD}i}}{\partial x_{\mathrm{D}}}\right)+\frac{\partial}{\partial y_{\mathrm{D}}}\left(\frac{\partial\bar{p}_{\mathrm{nfD}i}}{\partial y_{\mathrm{D}}}\right)=u_i\bar{p}_{\mathrm{nfD}i} \tag{8.1.20}$$

其中

$$u_i=\omega_{\mathrm{f}i}\eta_{1i}s+\frac{\lambda_i}{5}[\varepsilon_{\mathrm{m}i}\coth(\varepsilon_{\mathrm{m}i})-1]$$

(2)拟稳态窜流。

当基质中的流体向天然裂缝的窜流为拟稳态窜流时，q_{m} 可以写为：

$$q_{\mathrm{m}}=\frac{\delta K_{\mathrm{m}i}}{\mu}(p_{\mathrm{m}i}-p_{\mathrm{nf}i}) \tag{8.1.21}$$

对于基质而言：

$$-q_{\mathrm{m}}=\phi_{\mathrm{m}i}C_{\mathrm{tm}i}\frac{\partial p_{\mathrm{m}i}}{\partial t} \tag{8.1.22}$$

将式(8.1.21)分别代入天然裂缝系统渗流微分方程式(8.1.1)和式(8.1.22)得到：

$$\frac{\partial}{\partial x}\left(\frac{K_{\mathrm{nf}i}}{\mu}\frac{\partial p_{\mathrm{nf}i}}{\partial x}\right)+\frac{\partial}{\partial y}\left(\frac{K_{\mathrm{nf}i}}{\mu}\frac{\partial p_{\mathrm{nf}i}}{\partial y}\right)+\frac{\delta K_{\mathrm{m}i}}{\mu}(p_{\mathrm{m}i}-p_{\mathrm{nf}i})=\phi_{\mathrm{nf}i}C_{\mathrm{tnf}i}\frac{\partial\bar{p}_{\mathrm{nf}i}}{\partial t} \tag{8.1.23a}$$

$$-\frac{\delta K_{\mathrm{m}i}}{\mu}(p_{\mathrm{m}i}-p_{\mathrm{f}i})=\phi_{\mathrm{n}i}C_{\mathrm{tm}i}\frac{\partial p_{\mathrm{m}i}}{\partial t} \tag{8.1.23b}$$

基于无量纲定义，式(8.1.23)的无量纲表达式为：

$$\frac{\partial}{\partial x_{\mathrm{D}}}\left(\frac{\partial p_{\mathrm{nfD}i}}{\partial x_{\mathrm{D}}}\right)=\omega_{\mathrm{f}i}\eta_{1i}\frac{\partial p_{\mathrm{nfD}i}}{\partial t_{\mathrm{D}}}-\lambda_i(p_{\mathrm{mD}i}-p_{\mathrm{nfD}i}) \tag{8.1.24}$$

$$-\lambda_i(p_{\mathrm{mD}i}-p_{\mathrm{nfD}i})=(1-\omega_{\mathrm{f}i})\eta_{1i}\frac{\partial p_{\mathrm{mD}i}}{\partial t_{\mathrm{D}}} \tag{8.1.25}$$

联立式(8.1.24)和式(8.1.25)最终得到天然裂缝系统渗流微分方程为：

$$\frac{\partial}{\partial x_{\mathrm{D}}}\left(\frac{\partial\bar{p}_{\mathrm{nfD}i}}{\partial x_{\mathrm{D}}}\right)+\frac{\partial}{\partial y_{\mathrm{D}}}\left(\frac{\partial\bar{p}_{\mathrm{nfD}i}}{\partial y_{\mathrm{D}}}\right)=u_i\bar{p}_{\mathrm{nfD}i} \tag{8.1.26}$$

其中

$$u_i = s\eta_{1i}\left[\omega_{fi} + \frac{\lambda_i(1-\omega_{fi})}{(1-\omega_{fi})\eta_{1i}s + \lambda_i}\right]$$

因此,在拟稳态窜流、稳态窜流状态下,区域 i 的 Laplace 变量团为:

$$u_i = \begin{cases} s\eta_{1i}\left[\omega_{fi} + \dfrac{\lambda_i(1-\omega_{fi})}{(1-\omega_{fi})\eta_{1i}s + \lambda_i}\right] & \text{拟稳态窜流} \\ \omega_{fi}\eta_{1i}s + \dfrac{\lambda_i}{5}\left[\varepsilon_{mi}\coth(\varepsilon_{mi}) - 1\right] & \text{不稳态窜流} \\ s\eta_{1i} & \text{均质} \end{cases}$$

针对每一个渗流区域,联立运动方程、状态方程、质量守恒方程可获得渗流微分方程,再加上边界条件、初始条件和界面连接条件即构成各区的渗流数学模型。

8.1.2.1 区域 2 渗流数学模型

基于前面任意区域渗流微分方程的建立与求解,得到区域 i 在稳态窜流与拟稳态窜流状态下 Laplace 变量 u_i 的表达式,因此,描述外区的渗流微分方程为:

$$\frac{\partial^2 \bar{p}_{nfD2}}{\partial x_D^2} = u_2 \bar{p}_{nfD2} \tag{8.1.27}$$

外边界条件:

$$\frac{\partial \bar{p}_{nfD2}(x_{eD}, s)}{\partial x_D} = 0 \tag{8.1.28}$$

界面连接条件:

$$\bar{p}_{nfD2}(x_D = 1, s) = \bar{p}_{nfD1}(x_D = 1, s) \tag{8.1.29}$$

其中

$$u_2 = \begin{cases} \eta_{12}s \\ \left(\omega_{f2} + \dfrac{\lambda_2(1-\omega_{f2})}{\lambda_2 + (1-\omega_{f2})\eta_{12}s}\right)\eta_{12}s \\ \omega_{f2}\eta_{12}s + \dfrac{\lambda_2}{5}\left[\sqrt{\dfrac{15(1-\omega_{f2})}{\lambda_2}\eta_{12}s}\coth\left(\sqrt{\dfrac{15(1-\omega_{f2})}{\lambda_2}\eta_{12}s}\right) - 1\right] \end{cases}$$

方程式(8.1.27)的通解为:

$$\bar{p}_{nfD2}(x_D) = A_2\sinh(\sqrt{u_2}x_D) + B_2\cosh(\sqrt{u_2}x_D) \tag{8.1.30}$$

由边界条件式(8.1.28)和界面连接条件式(8.1.29)可得:

$$A_2 = -\frac{\sinh(\sqrt{u_2}x_{eD})}{\cosh[\sqrt{u_2}(x_{eD} - 1)]}\bar{p}_{nfD1}\big|_{x_D=1} \tag{8.1.31}$$

$$B_2 = \frac{\cosh(\sqrt{u_2}x_{eD})}{\cosh[\sqrt{u_2}(x_{eD}-1)]}\bar{p}_{nfD1}|_{x_D=1} \tag{8.1.32}$$

于是

$$\bar{p}_{nfD2}(x_D) = \frac{\cosh[\sqrt{u_2}(x_{eD}-x_D)]}{\cosh[\sqrt{u_2}(x_{eD}-1)]}\bar{p}_{nfD1}|_{x_D=1} \tag{8.1.33}$$

$$\frac{\partial \bar{p}_{nfD2}}{\partial x_D} = \frac{-\sinh[\sqrt{u_2}(x_{eD}-x_D)]\sqrt{u_2}}{\cosh[\sqrt{u_2}(x_{eD}-1)]}\bar{p}_{nfD1}|_{x_D=1} \tag{8.1.34}$$

8.1.2.2 区域1渗流数学模型

考虑外区流体向内区的补充,可得到描述内区裂缝系统的渗流微分方程:

$$\frac{1}{M_{12}}\frac{\partial \bar{p}_{nfD2}}{\partial x_D}\bigg|_{x_{1D}} + \frac{\partial^2 \bar{p}_{nfD1}}{\partial y_D^2} = u_1\bar{p}_{nfD1} \tag{8.1.35}$$

其中

$$u_1 = \begin{cases} s \\ \left[\omega_{f1} + \dfrac{\lambda_1(1-\omega_{f1})}{\lambda_1+(1-\omega_{f1})s}\right]s \\ \omega_{f1}s + \dfrac{\lambda_1}{5}\left\{\sqrt{\dfrac{15(1-\omega_{f1})}{\lambda_1}s}\coth\left[\sqrt{\dfrac{15(1-\omega_{f1})}{\lambda_1}s}\right]-1\right\} \end{cases}$$

外边界条件:

$$\frac{\partial \bar{p}_{nfD1}(y_{eD},s)}{\partial y_D} = 0 \tag{8.1.36}$$

界面连接条件:

$$\bar{p}_{nfD1}(y_D=w_{fD}/2,s) = \bar{p}_{fD}(y_D=w_{fD}/2,s) \tag{8.1.37}$$

当考虑裂缝面表皮污染 S_F 时,式(8.1.37)变为:

$$\bar{p}_{fD}(w_{fD}/2) = \bar{p}_{nf1D}(w_{fD}/2) - S_f\left(\frac{\partial \bar{p}_{nf1D}}{\partial y_D}\right)_{y_D=w_{fD}/2} \tag{8.1.38}$$

将外区的解式(8.1.34)代入内区模型式(8.1.35)得:

$$\frac{\partial^2 \bar{p}_{nfD1}}{\partial y_D^2} = G_1(s)\bar{p}_{nfD1} \tag{8.1.39}$$

其中

$$G_1(s) = u_1 + \frac{S_2}{M_{12}}$$

$$S_2 = \tanh[\sqrt{u_2}(x_{eD} - 1)]\sqrt{u_2}$$

采用类似于外区模型的求解方法,可得到内区模型的解为:

$$\bar{p}_{nfD1}(y_D) = \frac{\cosh[\sqrt{G_1(s)}(y_{eD} - y_D)]}{\cosh[\sqrt{G_1(s)}(y_{eD} - w_{FD}/2)]}\bar{p}_{fD}(y_D = w_{FD}/2) \tag{8.1.40}$$

$$\frac{\partial \bar{p}_{nfD1}(y_D)}{\partial y_D} = -\frac{\sqrt{G_1(s)}\sinh[\sqrt{G_1(s)}(y_{eD} - y_D)]}{\cosh[\sqrt{G_1(s)}(y_{eD} - w_{FD}/2)]}\bar{p}_{fD}(y_D = w_{fD}/2) \tag{8.1.41}$$

考虑裂缝面表皮污染时,内区模型的解变为:

$$\bar{p}_{nfD1}(y_D) = \frac{\cosh[\sqrt{G_1(s)}(y_{eD} - y_D)]\ \bar{p}_{fD}(y_D = w_{fD}/2)}{\cosh[\sqrt{G_1(s)}(y_{eD} - w_{fD}/2)] + S_F\sqrt{G_1(s)}\sinh[\sqrt{G_1(s)}(y_{eD} - w_{fD}/2)]} \tag{8.1.42}$$

$$\frac{\partial \bar{p}_{nfD1}(y_D)}{\partial y_D} = \frac{\sqrt{G_1(s)}\sinh[\sqrt{G_1(s)}(y_{eD} - y_D)]\ \bar{p}_{fD}(y_D = w_{fD}/2)}{\cosh[\sqrt{G_1(s)}(y_{eD} - w_{FD}/2)] + S_f\sqrt{G_1(s)}\sinh[\sqrt{G_1(s)}(y_{eD} - w_{fD}/2)]} \tag{8.1.43}$$

8.1.2.3 压裂裂缝渗流数学模型

流体在压裂裂缝中的渗流微分方程可以写为:

$$\frac{\partial}{\partial x}\left(\frac{K_f}{\mu}\frac{\partial p_f}{\partial x}\right) + \frac{\partial}{\partial y}\left(\frac{K_f}{\mu}\frac{\partial p_f}{\partial y}\right) = \phi_f C_{tf}\frac{\partial p_f}{\partial t} \tag{8.1.44}$$

压裂裂缝与区域 1 的交界面处,存在以下衔接条件。

$$q_f\big|_{y=\frac{w_f}{2}} = q_{nf1}\big|_{y=\frac{w_f}{2}} \tag{8.1.45}$$

$$\frac{K_f}{\mu}\frac{\partial p_f}{\partial y}\bigg|_{y=\frac{w_f}{2}} = \frac{K_{nf1}}{\mu}\frac{\partial p_{nf1}}{\partial y}\bigg|_{y=\frac{w_f}{2}} \tag{8.1.46}$$

在裂缝中心处,没有流体流过,因此。

$$\frac{\partial p_f}{\partial y}\bigg|_{y=0} = 0 \tag{8.1.47}$$

与裂缝的长度相比,裂缝宽度很小,因此,在裂缝末端没有流体流入压裂裂缝。

$$\frac{\partial p_f}{\partial y}\bigg|_{y=L_f} = 0 \tag{8.1.48}$$

由于压裂裂缝是对称的,因此,取单个裂缝的 1/4 为研究对象建立如下内边界条件:

$$\frac{q_{\mathrm{f}}}{4}=-\frac{K_{\mathrm{f}}h}{\mu}\frac{w_{\mathrm{f}}}{2}\left(\frac{\partial p_{\mathrm{f}}}{\partial x}\right)_{x=0} \tag{8.1.49}$$

其中

$$q_{\mathrm{F}}=\frac{q_{\mathrm{sc}}}{M}$$

基于表8.1.1中的无量纲定义，得到式(8.1.44)至式(8.1.49)的在Laplace空间下无量纲表达式为：

$$\frac{\partial^{2}\bar{p}_{\mathrm{fD}}}{\partial x_{\mathrm{D}}^{2}}+\frac{2}{C_{\mathrm{fD}}}\frac{\partial\bar{p}_{\mathrm{nfD1}}}{\partial y_{\mathrm{D}}}\bigg|_{y_{\mathrm{D}}=w_{\mathrm{fD}}/2}=\eta_{1\mathrm{f}}s\bar{p}_{\mathrm{FD}} \tag{8.1.50}$$

$$\frac{\partial\bar{p}_{\mathrm{fD}}(x_{\mathrm{D}}=1,s)}{\partial x_{\mathrm{D}}}=0 \tag{8.1.51}$$

$$-\frac{\pi}{MsC_{\mathrm{fD}}}=\frac{\partial\bar{p}_{\mathrm{fD}}}{\partial x_{\mathrm{D}}}\bigg|_{x_{\mathrm{D}}=0} \tag{8.1.52}$$

将内区的解式(8.1.43)代入水力裂缝区模型式(8.1.50)得：

$$\frac{\partial^{2}\bar{p}_{\mathrm{fD}}}{\partial x_{\mathrm{D}}^{2}}=u_{\mathrm{f}}\bar{p}_{\mathrm{fD}} \tag{8.1.53}$$

其中

$$u_{\mathrm{f}}(s)=\frac{2}{C_{\mathrm{fD}}}\frac{\sqrt{G_{1}(s)}}{\coth\left[\sqrt{G_{1}(s)}\left(y_{\mathrm{eD}}-w_{\mathrm{fD}}/2\right)\right]+S_{\mathrm{f}}\sqrt{G_{1}(s)}}+\eta_{1\mathrm{f}}s$$

采用类似于外区模型的求解方法，可得到水力裂缝区模型的解为：

$$\bar{p}_{\mathrm{fD}}(x_{\mathrm{D}})=\frac{\pi\cosh\left[\sqrt{u_{\mathrm{f}}}\left(1-x_{\mathrm{D}}\right)\right]}{MC_{\mathrm{fD}}s\sqrt{u_{\mathrm{f}}}\sinh\left(\sqrt{u_{\mathrm{f}}}\right)} \tag{8.1.54}$$

$$\bar{p}_{\mathrm{wfD}}=\frac{\pi}{MC_{\mathrm{fD}}s\sqrt{u_{\mathrm{f}}}}\frac{1}{\tanh\left(\sqrt{u_{\mathrm{f}}}\right)} \tag{8.1.55}$$

于是，考虑井底流体汇聚影响的无量纲井底压力为：

$$\bar{p}_{\mathrm{wD}}=\bar{p}_{\mathrm{wfD}}+\frac{S_{\mathrm{c}}}{s}=\frac{\pi}{MC_{\mathrm{fD}}s\sqrt{u_{\mathrm{f}}}}\frac{1}{\tanh\left(\sqrt{u_{\mathrm{f}}}\right)}+\frac{S_{\mathrm{c}}}{s} \tag{8.1.56}$$

由杜哈美原理可得考虑井筒储集效应和井底流体汇聚影响的拉普拉斯空间无量纲井底压力为：

$$\bar{p}_{\mathrm{wD}}(C_{\mathrm{D}},s)=\frac{\bar{p}_{\mathrm{wD}}(C_{\mathrm{D}}=0)}{1+C_{\mathrm{D}}s^{2}\bar{p}_{\mathrm{wD}}(C_{\mathrm{D}}=0)} \tag{8.1.57}$$

8.1.3 特征曲线特征及影响因素分析

通过 Laplace 数值反演方法可以将以上解析解转化为实空间的数值解。以 p_{wD} 和 $p'_{wD} \cdot t_D$ 的对数为纵坐标，t_D 的对数为横坐标作特征曲线如图 8.1.3 所示。从图 8.1.3 可以看出，该模型的无量纲压力导数曲线由六部分构成，这六部分的特征及所反映的井和地层的信息分别为：

(1)早期为裂缝线性流，无量纲压力及导数曲线呈斜率为 1/2 的直线；

(2)裂缝-内区双线性流，无量纲压力导数曲线呈斜率为 1/4 的直线；

(3)内区线性流，无量纲压力导数曲线呈斜率为 1/2 的直线；

(4)内区-外区双线性流，无量纲压力导数曲线呈斜率为 1/4 的直线；

(5)外区线性流，无量纲压力导数曲线呈斜率为 1/2 的直线；

(6)边界作用流动阶段，无量纲压力导数曲线呈斜率为 1 的直线。

图 8.1.3 计算用参数如下：裂缝无量纲导流能力 $C_{FD}=5$、无量纲距离 $x_{eD}=10$、$y_{eD}=100$、流度比 $M_{12}=10$、导压系数比 $\eta_{1F}=0.0005$、导压系数比 $\eta_{12}=10$。在实际地层参数条件下，部分流动阶段将体现不出来。

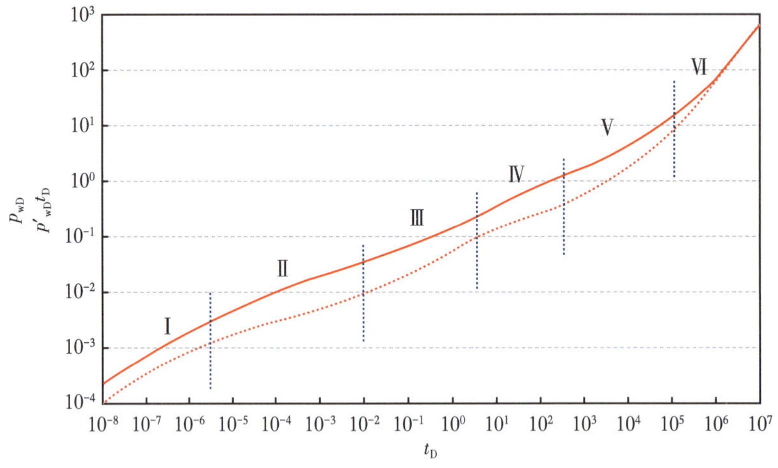

图 8.1.3 三线性流模型试井双对数曲线及其特征

图 8.1.4 为不同储层模型无量纲压力压力导数双对数曲线对比图，双重介质拟稳态窜流将在基岩向天然裂缝窜流阶段形成“凹子”的显著特征。从目前的实际测试资料来看，几乎都不存在拟稳态窜流的“凹子”特征。图 8.1.4 计算用参数为：裂缝无量纲导流能力 $C_{FD}=5$，无量纲距离 $x_{eD}=3$、$y_{eD}=5$，流度比 $M_{12}=10$，导压系数比 $\eta_{1F}=0.0005$，导压系数比 $\eta_{12}=10$，区域 1 弹性储容比 $\omega_1=0.01$，区域 2 弹性储容比 $\omega_2=0.9$，区域 1 窜流系数 $\lambda_1=10$，区域 2 窜流系数 $\lambda_2=0.1$。以下影响因素的分析都是基于本次基本参数进行计算。

图 8.1.5 为裂缝导流能力对试井双对数曲线的影响。裂缝导流能力主要影响早期压裂裂缝的线性流、水力裂缝及内区的双线性流阶段，无量纲裂缝导流能力越大，水力裂缝和内区的双线性流将逐渐消失，仅呈现出裂缝线性流和内区地层线性流阶段。

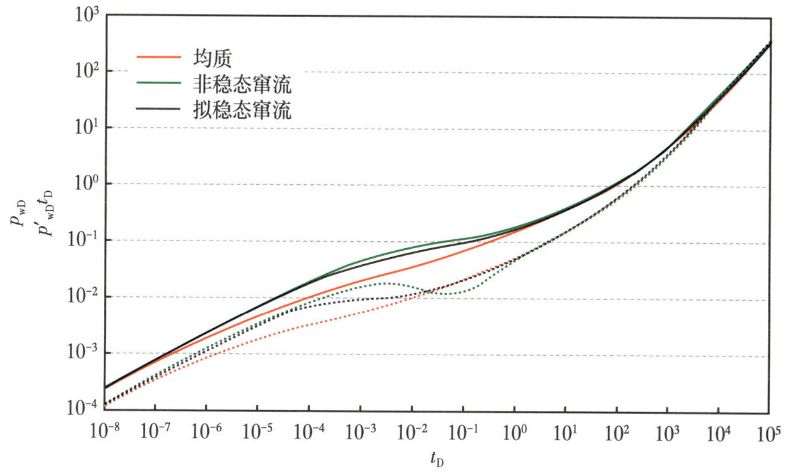

图 8.1.4 不同模型对试井双对数曲线特征的影响

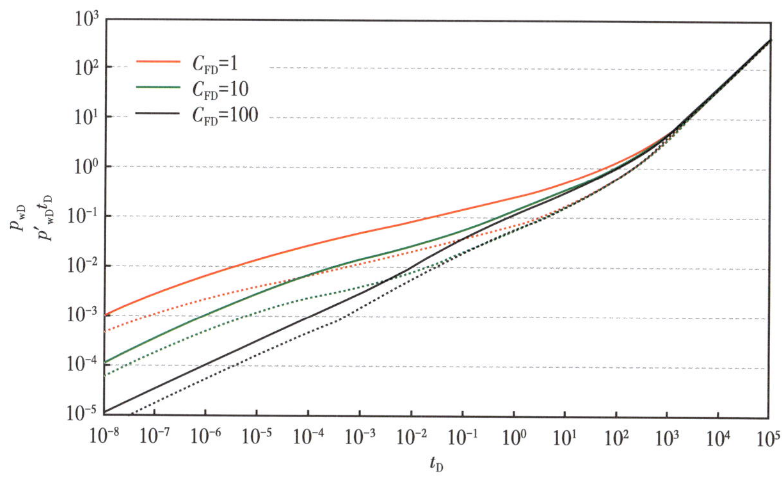

图 8.1.5 裂缝导流能力对试井双对数曲线的影响

图 8.1.6 为裂缝面污染对试井双对数曲线的影响。裂缝面污染对试井曲线的影响主要表现在裂缝线性流以后的阶段。裂缝面表皮越大，生产压差越大；导数曲线在裂缝线性流后将呈现峰值特征，经过一定的过渡段（经过污染带的流体流量逐渐增大）以后，导数曲线将不受裂缝面污染的影响，此时经过污染带的流体流量稳定不再变化。

图 8.1.7 为裂缝储容比对试井双对数曲线的影响。裂缝储容比对试井曲线的影响主要在基质岩块向天然裂缝的窜流阶段；裂缝储容比越大，窜流过渡阶段无量纲压力及导数值越小；裂缝储容比基本不影响除窜流以外的其他流动阶段。

图 8.1.8 为窜流系数对试井双对数曲线的影响。窜流系数对试井曲线的影响主要在基质岩块向天然裂缝的窜流阶段；窜流系数越大，窜流结束越早，窜流过渡阶段的无量纲压力及导数值越小；窜流系数基本不影响除窜流以外的其他流动阶段。

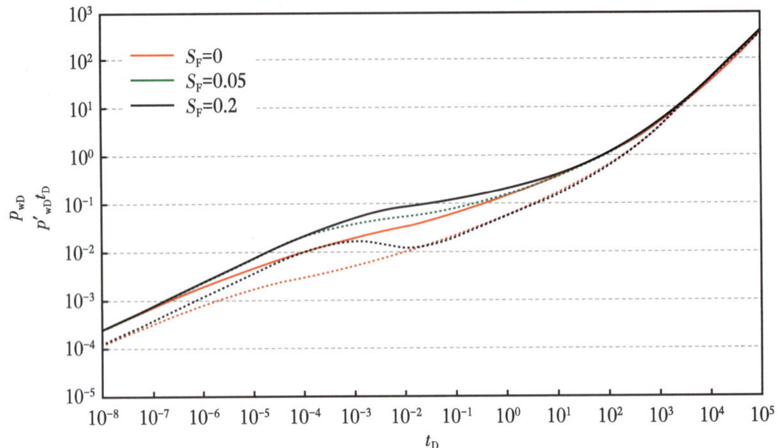

图 8.1.6　裂缝面表皮对试井双对数曲线的影响

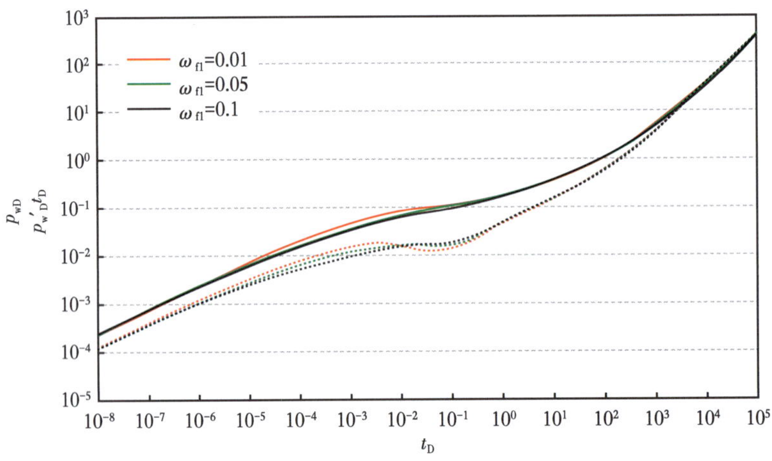

图 8.1.7　裂缝储容比对试井双对数曲线的影响

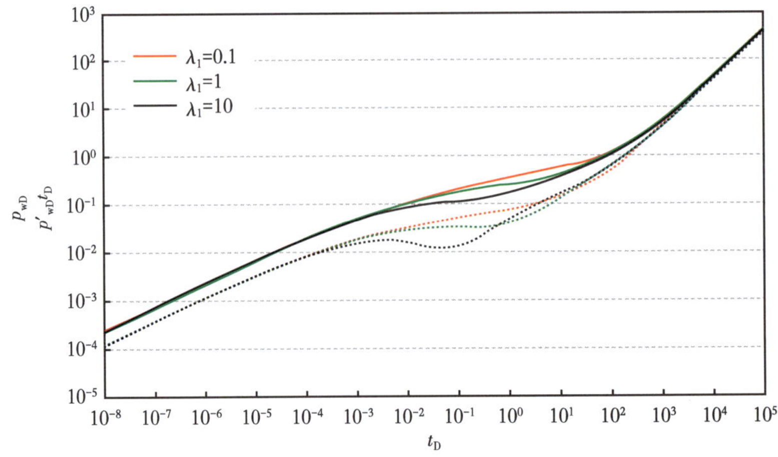

图 8.1.8　窜流系数对试井双对数曲线的影响

图 8.1.9 为外区的大小 x_{eD}对试井双对数曲线的影响。外区的大小 x_{eD}对试井曲线的影响主要在外区线性流阶段及拟稳态流动阶段；x_{eD}越大，外区线性流持续时间越长，拟稳态流动阶段出现时间越晚。

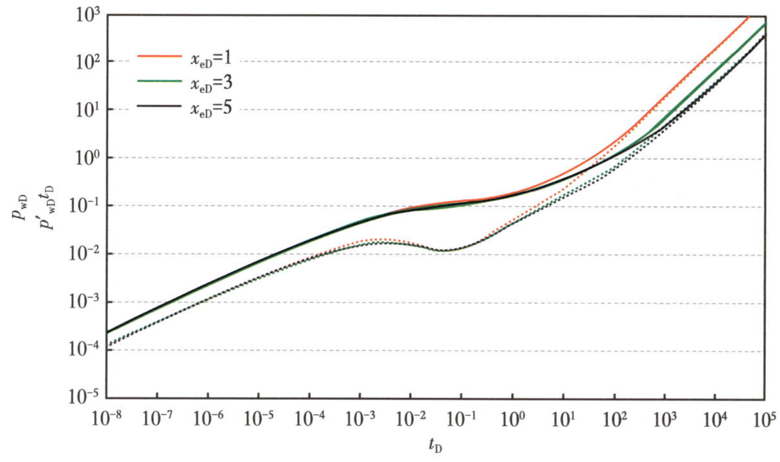

图 8.1.9　x_{eD}对试井双对数曲线的影响

图 8.1.10 为内区的大小 y_{eD}对试井双对数曲线的影响。内区的大小 y_{eD}对试井曲线的影响主要在内区线性流阶段及拟稳态流动阶段；y_{eD}越大，内区线性流持续时间越长；y_{eD}越大，原油供给范围越大，拟稳态流动阶段出现时间越晚。

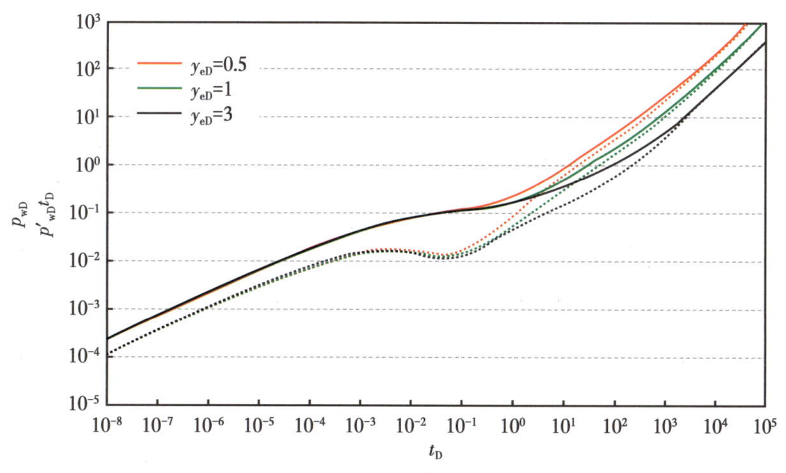

图 8.1.10　y_{eD}对试井双对数曲线的影响

图 8.1.11 为内外区流度比对试井双对数曲线的影响。以内区渗透率为基准，内外区流度比越大，外区渗透率越低，流体流动阻力越大，无量纲压力及其导数值越大。

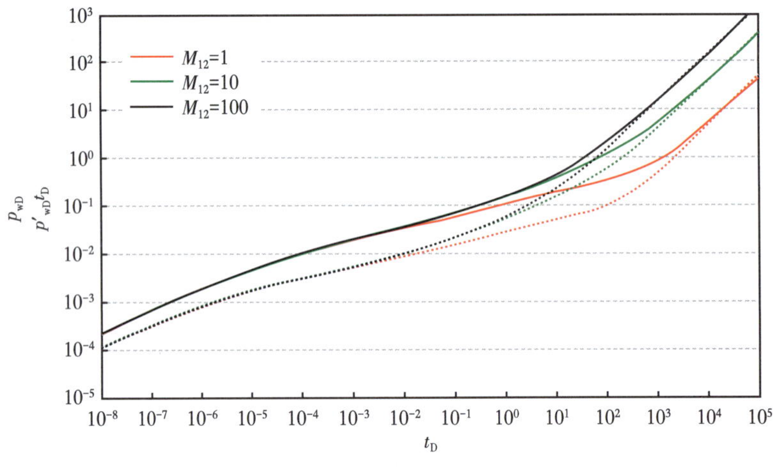

图 8.1.11　流度比对试井双对数曲线的影响

8.2　基于五线性流模型多段压裂水平井试井模型研究

8.2.1　五线性流物理模型

五线性流物理模型示意图如图 8.2.1 所示，单个裂缝所控制的区域被分为四个区域，储层中的流体从区域 4 流入区域 2，同时区域 3 的流体也流入区域 1(SRV)，流体在每个区域的流动都为线性流动，流体在裂缝中的流动也是线性流动，在井筒附近的径向流动可以用汇聚表皮来描述。

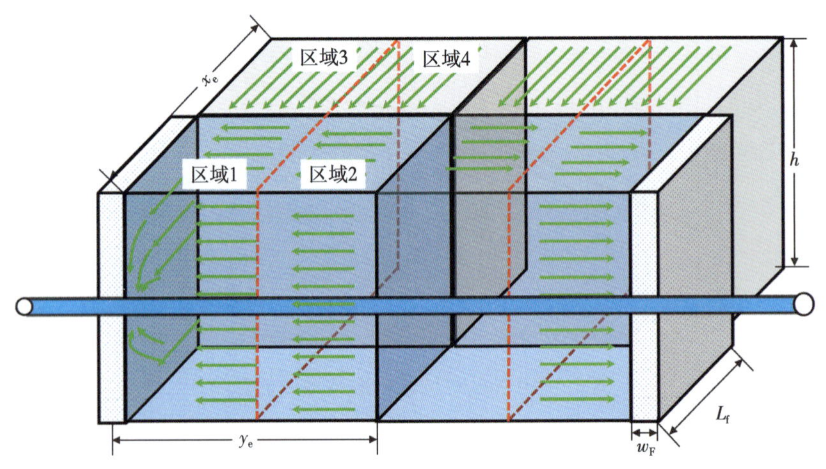

图 8.2.1　五线性流三维模型示意图

基于上述假设条件，以裂缝与井筒的交点为坐标原点建立直角坐标系(图 8.2.2)，基于该直角坐标系建立不同流动区域渗流微分方程和边界条件。

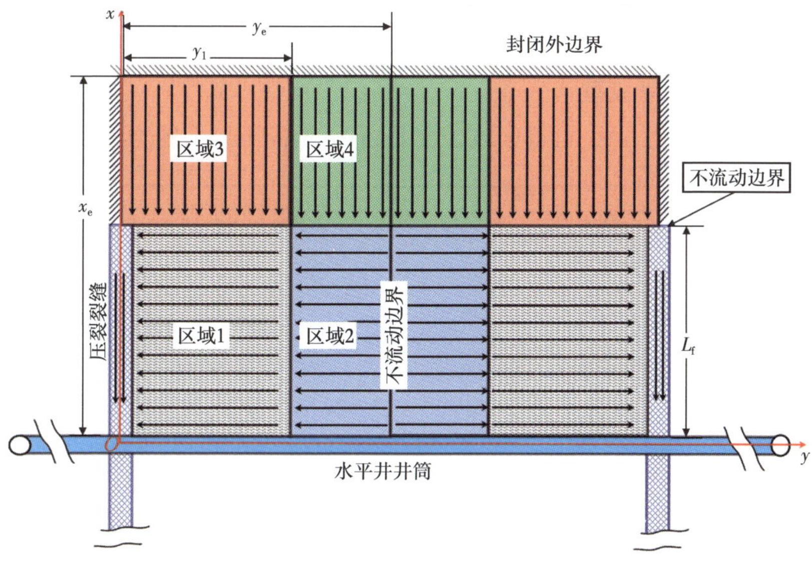

图 8.2.2　五线性流二维模型示意图

8.2.2　五线性数学模型的建立与求解

针对每一个渗流区域，联立运动方程、状态方程、质量守恒方程可获得渗流微分方程，再加上边界条件、初始条件和界面连接条件即构成各区的渗流数学模型。

8.2.1.1　区域 4 渗流数学模型

基于前面推导得到任意区渗流微分方程，可得区域 4 在 Laplace 空间下的无量纲渗流微分方程和边界条件为：

$$\begin{cases}\dfrac{\partial}{\partial x_D}\left(\dfrac{\partial \bar{p}_{fD4}}{\partial x_D}\right)=u_4\bar{p}_{fD4}\\ \left.\dfrac{\partial \bar{p}_{fD4}}{\partial x_D}\right|_{x_D=x_{eD}}=0\\ \bar{p}_{fD4}\big|_{x_D=1}=\bar{p}_{fD2}\big|_{x_D=1}\end{cases}\tag{8.2.1}$$

根据式(8.2.1)求得区域 4 的无量纲压力解为：

$$\bar{p}_{fD4}=\left\{\frac{\cosh[\varepsilon_4(x_{eD}-x_D)]}{\cosh[\varepsilon_4(x_{eD}-1)]}\right\}\bar{p}_{fD2}\big|_{x_D=1}\tag{8.2.2}$$

其中

$$u_i=\begin{cases}\eta_{1i}s & (i=2,3,4);\ \varepsilon_4=\sqrt{u_4}\\ \left[\omega_{fi}+\dfrac{\lambda_i(1-\omega_{fi})}{\lambda_i+(1-\omega_{fi})\eta_{1i}s}\right]\eta_{1i}s\\ \omega_{fi}\eta_{1i}s+\dfrac{\lambda_i}{5}\left[\sqrt{\dfrac{15(1-\omega_{fi})\eta_{1i}s}{\lambda_i}}\coth\sqrt{\dfrac{15(1-\omega_{fi})\eta_{1i}s}{\lambda_i}}-1\right]\end{cases}$$

$$\left.\frac{\partial \bar{p}_{\mathrm{fD4}}}{\partial y_{\mathrm{D}}}\right|_{x_{\mathrm{D}}=1}=-\varepsilon_4\cdot\tanh((x_{\mathrm{eD}}-1)\varepsilon_4)\bar{p}_{\mathrm{fD2}}|_{x_{\mathrm{D}}=1} \tag{8.2.3}$$

8.2.1.2 区域 3 渗流数学模型

采用与区域 4 相同的方法，可得区域 3 在 Laplace 空间下压力解为：

$$\bar{p}_{\mathrm{fD3}}=\frac{\cosh[\varepsilon_3(x_{\mathrm{eD}}-x_{\mathrm{D}})]}{\cosh[\varepsilon_3(x_{\mathrm{eD}}-1)]}\bar{p}_{\mathrm{fD1}}|_{x_{\mathrm{D}}=1} \tag{8.2.4}$$

其中

$$\varepsilon_3=\sqrt{u_3}$$

$$\left.\frac{\partial \bar{p}_{\mathrm{fD3}}}{\partial y_{\mathrm{D}}}\right|_{x_{\mathrm{D}}=1}=-\varepsilon_3\cdot\tanh((x_{\mathrm{eD}}-1)\varepsilon_3)\bar{p}_{\mathrm{fD1}}|_{x_{\mathrm{D}}=1} \tag{8.2.5}$$

8.2.1.3 区域 2 渗流数学模型

采用三线性流模型，得到区域 2 在 Laplace 空间下的无量纲渗流微分方程和边界条件如下：

$$\begin{cases}\dfrac{\partial}{\partial y_{\mathrm{D}}}\left(\dfrac{\partial \bar{p}_{\mathrm{fD2}}}{\partial y_{\mathrm{D}}}\right)=c_1\bar{p}_{\mathrm{fD2}}\\ \left.\dfrac{\partial \bar{p}_{\mathrm{fD2}}}{\partial y_{\mathrm{D}}}\right|_{y_{\mathrm{D}}=y_{\mathrm{eD}}}=0\\ \bar{p}_{\mathrm{fD2}}|_{y_{\mathrm{D}}=y_{\mathrm{1D}}}=\bar{p}_{\mathrm{fD1}}|_{y_{\mathrm{D}}=y_{\mathrm{1D}}}\end{cases} \tag{8.2.6}$$

求解式(8.2.6)，可以得到区域 2 的解为：

$$\bar{p}_{\mathrm{fD2}}=\frac{\cosh[\sqrt{c_1}(y_{\mathrm{eD}}-y_{\mathrm{D}})]}{\cosh[\sqrt{c_1}(y_{\mathrm{eD}}-y_{\mathrm{1D}})]}\bar{p}_{\mathrm{fD1}}|_{y_{\mathrm{D}}=y_{\mathrm{1D}}} \tag{8.2.7}$$

其中

$$c_1=u_2+\frac{M_{12}}{M_{14}}\varepsilon_4\tanh[\varepsilon_4(x_{\mathrm{eD}}-1)]$$

$$\left.\frac{\partial \bar{p}_{\mathrm{fD2}}}{\partial y_{\mathrm{D}}}\right|_{y_{\mathrm{1D}}}=\sqrt{c_1}\tanh[\sqrt{c_1}(y_{\mathrm{eD}}-y_{\mathrm{D}})]\bar{p}_{\mathrm{fD1}}|_{y_{\mathrm{D}}=y_{\mathrm{1D}}} \tag{8.2.8}$$

8.2.1.4 区域 1 渗流数学模型

采用三线性流模型，得到区域 1 在 Laplace 空间下的无量纲渗流微分方程和边界条件如下：

$$\begin{cases}\dfrac{\partial}{\partial y_{\mathrm{D}}}\left(\dfrac{\partial \bar{p}_{\mathrm{fD1}}}{\partial y_{\mathrm{D}}}\right)=c_2\bar{p}_{\mathrm{fD1}}\\ \left.\dfrac{\partial \bar{p}_{\mathrm{fD1}}}{\partial y_{\mathrm{D}}}\right|_{y_{\mathrm{D}}=y_{\mathrm{1D}}}=\dfrac{1}{M_{12}}\left.\dfrac{\partial \bar{p}_{\mathrm{fD2}}}{\partial y_{\mathrm{D}}}\right|_{y_{\mathrm{D}}=y_{\mathrm{1D}}}\\ \bar{p}_{\mathrm{fD1}}|_{y_{\mathrm{D}}=\frac{w_{\mathrm{D}}}{2}}=\bar{p}_{\mathrm{FD}}|_{y_{\mathrm{D}}=\frac{w_{\mathrm{D}}}{2}}\end{cases} \tag{8.2.9}$$

其中

$$c_2=u_1+\frac{\varepsilon_3\cdot\tanh[(x_{eD}-1)\varepsilon_3]}{M_{13}}$$

考虑裂缝面污染时：

$$\bar{p}_{FD}(w_D/2)=\bar{p}_{fD1}(w_D/2)-S_F\left(\frac{\partial\bar{p}_{fD1}}{\partial x_D}\right)_{x_D=w_D/2} \tag{8.2.10}$$

区域 1 微分方程的通解为：

$$\bar{p}_{fD1}=A\cosh[\sqrt{c_2}(y_D-y_{1D})]+B\sinh[\sqrt{c_2}(y_D-y_{1D})] \tag{8.2.11}$$

根据界面连接条件得到系数 A 和 B 的值分别为：

$$A=\bar{p}_{fD1}|_{y_D=y_{1D}} \tag{8.2.12}$$

$$B=\bar{p}_{fD1}(y_{1D})c_3 \tag{8.2.13}$$

其中

$$c_3=\frac{1}{M_{12}}\frac{\sqrt{c_1}}{\sqrt{c_2}}\tanh[\sqrt{c_1}(y_{1D}-y_{eD})]$$

因此，式(8.2.11)可以重新写为：

$$\bar{p}_{fD1}=\bar{p}_{fD1}(y_{1D})\{\cosh[\sqrt{c_2}(y_D-y_{1D})]+c_3\sinh[\sqrt{c_2}(y_D-y_{1D})]\} \tag{8.2.14}$$

根据压裂裂缝与储层接触面压力相等：

$$\bar{p}_{FD}(w_D/2)=\bar{p}_{fD1}(y_{1D})\{\cosh[\sqrt{c_2}(w_D/2-y_{1D})]+c_3\sinh[\sqrt{c_2}(w_D/2-y_{1D})]\} \tag{8.2.15}$$

因而

$$\bar{p}_{fD1}(y_{1D})=\frac{\bar{p}_{FD}(w_D/2)}{c_4} \tag{8.2.16}$$

其中

$$c_4=\cosh[\sqrt{c_2}(w_D/2-y_{1D})]+c_3\sinh[\sqrt{c_2}(w_D/2-y_{1D})]$$

考虑裂缝面污染时：

$$\begin{aligned}c_4=&\{\cosh[(w_D/2-y_{1D})\sqrt{c_2}]+c_3\sinh[(w_D/2-y_{1D})\sqrt{c_2}]\}\\&-S_F\sqrt{c_2}\{\sinh[(w_D/2-y_{1D})\sqrt{c_2}]+c_3\cosh[(w_D/2-y_{1D})\sqrt{c_2}]\}\end{aligned} \tag{8.2.17}$$

于是，1 区压力表达式(8.2.16)可用 1 区与裂缝界面的压力表示为：

$$\bar{p}_{fD1}(y_D)=\bar{p}_{FD}(w_D/2)\frac{\cosh[(w_D/2-y_{1D})\sqrt{c_2}]+c_3\sinh[(w_D/2-y_{1D})\sqrt{c_2}]}{c_4} \tag{8.2.18}$$

从 1 区到裂缝的流量正比于：

$$\left.\frac{\partial \bar{p}_{\mathrm{fD1}}}{\partial y_{\mathrm{D}}}\right|_{y_{\mathrm{D}}=w_{\mathrm{D}}/2}=\bar{p}_{\mathrm{FD}}(w_{\mathrm{D}}/2)c_5 \tag{8.2.19}$$

其中

$$c_5=\sqrt{c_2}\frac{\sinh[(w_{\mathrm{D}}/2-y_{1\mathrm{D}})\sqrt{c_2}]+c_3\cosh[(w_{\mathrm{D}}/2-y_{1\mathrm{D}})\sqrt{c_2}]}{c_4}$$

8.2.1.5 压裂裂缝渗流数学模型

采用与三线性流类似的方法，可得裂缝区的无量纲压力解为：

$$\bar{p}_{\mathrm{FD}}(x_{\mathrm{D}})=\frac{\pi\cosh[\sqrt{u_{\mathrm{F}}}(1-x_{\mathrm{D}})]}{MC_{\mathrm{FD}}s\sqrt{u_{\mathrm{F}}}\sinh(\sqrt{u_{\mathrm{F}}})} \tag{8.2.20}$$

$$\bar{p}_{\mathrm{wFD}}=\frac{\pi}{MC_{\mathrm{FD}}s\sqrt{u_{\mathrm{F}}}}\frac{1}{\tanh(\sqrt{u_{\mathrm{F}}})} \tag{8.2.21}$$

其中

$$u_{\mathrm{F}}(s)=\eta_{1\mathrm{F}}s-\frac{2}{C_{\mathrm{FD}}}c_5$$

考虑井底流体汇聚影响的井底无量纲压力为：

$$\bar{p}_{\mathrm{wD}}=\bar{p}_{\mathrm{wFD}}+\frac{S_{\mathrm{c}}}{s}=\frac{\pi}{MC_{\mathrm{FD}}s\sqrt{u_{\mathrm{F}}}}\frac{1}{\tanh(\sqrt{u_{\mathrm{F}}})}+\frac{S_{\mathrm{c}}}{s} \tag{8.2.22}$$

由杜哈美原理可得考虑井筒储集效应和井底流体汇聚影响的拉普拉斯空间井底无量纲压力为：

$$\bar{p}_{\mathrm{wD}}(C_{\mathrm{D}},s)=\frac{\bar{p}_{\mathrm{wD}}(C_{\mathrm{D}}=0)}{1+C_{\mathrm{D}}s^2\bar{p}_{\mathrm{wD}}(C_{\mathrm{D}}=0)} \tag{8.2.23}$$

8.2.3 特征曲线特征及影响因素分析

通过 Stehfest 数值反演方法可以将以上拉普拉斯空间解析解转化为实空间的数值解。以无量纲压力 p_{wD} 及无量纲压力导数 $p'_{\mathrm{wD}}t_{\mathrm{D}}$ 的对数为纵坐标，无量纲时间 t_{D} 的对数为横坐标作特征曲线如图 8.2.3 所示。从图 8.2.3 可以看出，该模型的无量纲压力及无量纲压力导数双对数曲线由六部分构成，这六部分的特征及所反映的井和地层的信息分别为：

(1) 早期水力裂缝线性流阶段，无量纲压力导数与无量纲时间双对数曲线呈斜率为 1/2 的直线；

(2) 裂缝—区域 1 双线性流阶段，无量纲压力导数与无量纲时间双对数曲线呈斜率为 1/4 的直线；

(3) 区域 1 线性流阶段，无量纲压力导数与无量纲时间双对数曲线呈斜率为 1/2 的直线；

(4)区域 1—区域 3 的双线性流，无量纲压力导数与无量纲时间双对数曲线呈斜率为 1/4 的直线；

(5)区域 1—区域 2 的复合线性流，无量纲压力导数与无量纲时间双对数曲线呈斜率为 1/2 的直线；

(6)边界作用流动阶段，无量纲压力导数与无量纲时间双对数曲线呈斜率为 1 的直线。

图 8.2.3 计算得到的压力曲线只是理想状态下的试井理论曲线，计算该曲线所用的参数如下：裂缝无量纲导流能力 $C_{FD}=50$，$y_{1D}=10$，$y_{eD}=100$，$x_{eD}=200$，流度比 $M_{12}=5$，$M_{13}=10$，$M_{14}=10$，导压系数比 $\eta_{1F}=10^{-5}$，导压系数比 $\eta_{12}=5$，$\eta_{13}=\eta_{14}=10$。在实际地层参数条件下，部分流动阶段将体现不出来。

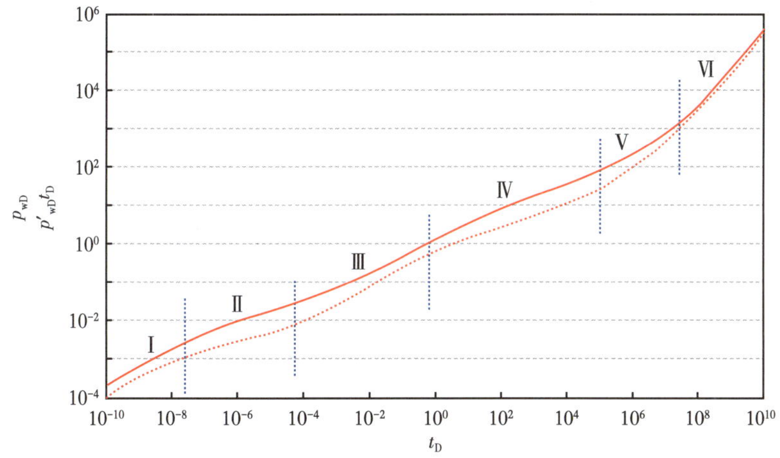

图 8.2.3　五线性流模型无量纲压力及导数双对数曲线

图 8.2.4 为裂缝导流能力对无量纲压力及导数双对数曲线的影响。裂缝导流能力主要影响早期压裂裂缝与 1 区的双线性流和线性流阶段，无量纲裂缝导流能力越大，无量纲压力

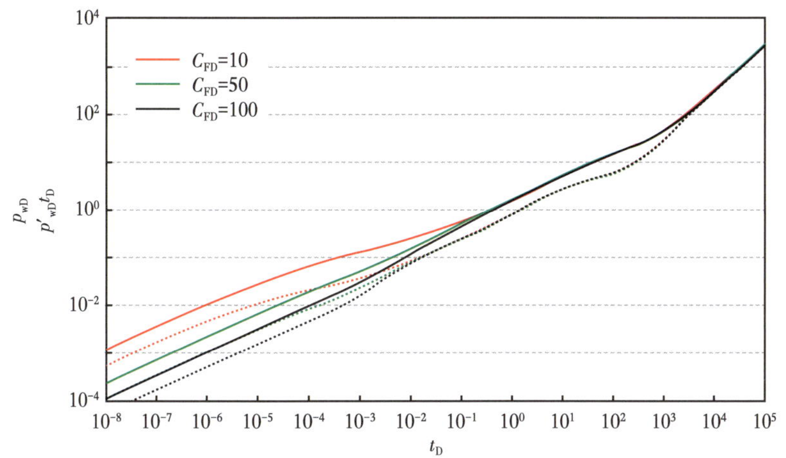

图 8.2.4　裂缝导流能力对无量纲压力及导数双对数曲线的影响

及无量纲压力导数双对数曲线的位置越低，对应的生产压差越小。计算该理论曲线所用到的计算参数如下：$C_{FD}=10$，$y_{1D}=1$，$y_{eD}=5$，$x_{eD}=10$，流度比 $M_{12}=5$，$M_{13}=10$，$M_{14}=10$，导压系数比 $\eta_{1F}=10^{-3}$，导压系数比 $\eta_{12}=5$，$\eta_{13}=\eta_{14}=10$。

图 8.2.5 为流度比 M_{12} 对无量纲压力及导数双对数曲线的影响。基于区域 1 储层物性特征，流度比 M_{12} 主要影响中晚期阶段压力和压力导数曲线特征，流度比 M_{12} 越大，说明压裂改造效果越好，从图中可以看出，流度比 M_{12} 越大，中晚期阶段压力及压力导数曲线越高，这说明流体从区域 1 流到区域 2 所需要的压降越大。

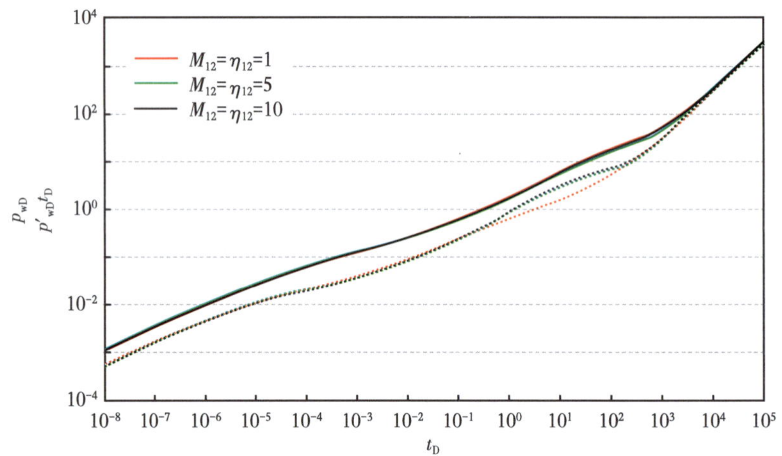

图 8.2.5　流度比 M_{12} 对无量纲压力及导数双对数曲线的影响

图 8.2.6 为流度比 M_{13} 对无量纲压力及导数双对数曲线的影响。基于区域 1 储层物性特征，流度比 M_{13} 主要影响中晚期阶段压力和压力导数曲线特征，流度比 M_{13} 越大，说明压裂改造效果越好，从图中可以看出，流度比 M_{13} 越大，中晚期阶段压力及压力导数曲线越高，这说明流体从区域 1 流到区域 3 所需要的压降越大。

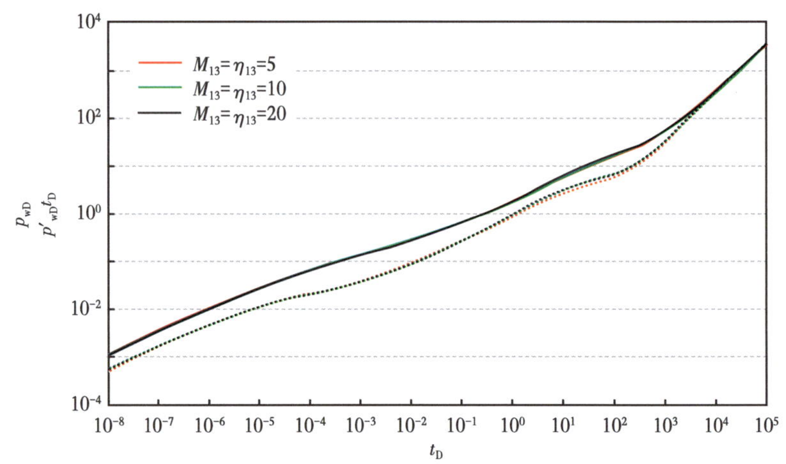

图 8.2.6　流度比 M_{13} 对无量纲压力及导数双对数曲线的影响

图 8.2.7 为流度比 M_{14} 对无量纲压力及导数双对数曲线的影响。基于区域 1 储层物性特征,流度比 M_{14} 主要影响中晚期阶段压力和压力导数曲线特征,流度比 M_{14} 越大,说明压裂改造效果越好,从图中可以看出,流度比 M_{14} 越大,中晚期阶段压力及压力导数曲线越高,这说明流体从区域 4 流到区域 2 所需要的压降越大。

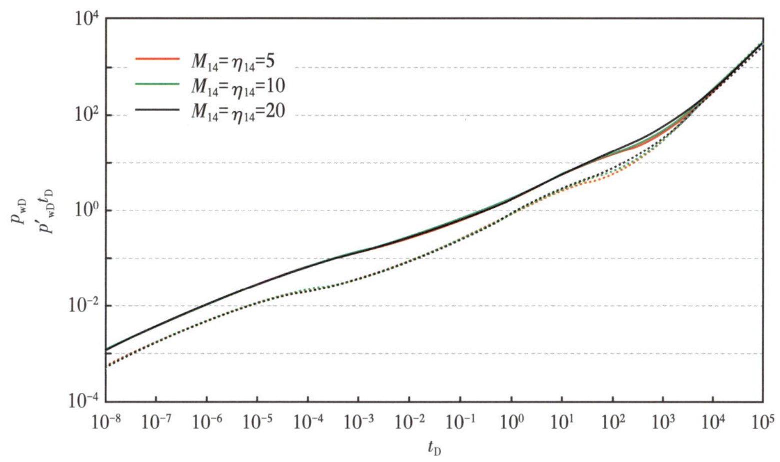

图 8.2.7　流度比 M_{14} 对无量纲压力及导数双对数曲线的影响

图 8.2.8 为区域 1 宽度 y_{1D} 对无量纲压力及导数双对数曲线的影响。区域 1 宽度 y_{1D} 的值越大,说明压裂裂缝改造范围越大。从图中可以看出,区域 1 宽度 y_{1D} 主要影响中期阶段压力及其压力导数曲线形态,区域 1 宽度 y_{1D} 越大,压力波传播到区域 2 所需要的时间就越长,区域 2 压力曲线特征出现的时间比较迟,在双对数曲线上的特征是:区域 1 宽度 y_{1D} 越大,区域 1 到区域 2 的线性流阶段压力曲线越低。

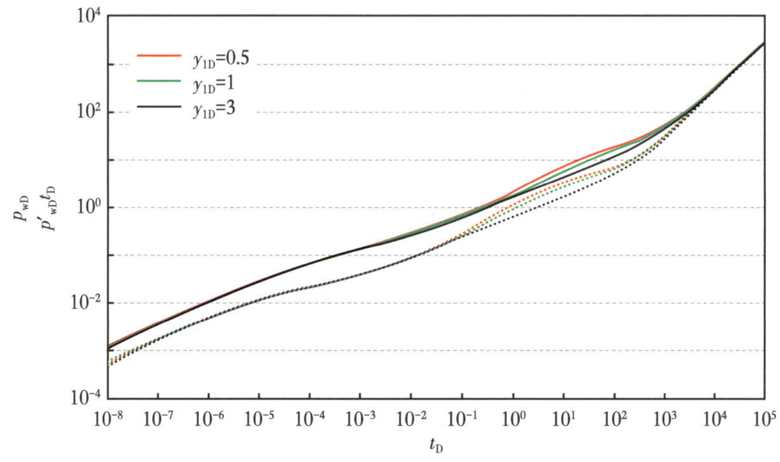

图 8.2.8　区域 1 宽度 y_{1D} 对无量纲压力及导数双对数曲线的影响

图 8.2.9 为窜流系数对试井双对数曲线的影响。窜流系数对试井曲线的影响主要在基质岩块向天然裂缝的窜流阶段;窜流系数越大,窜流结束越早,窜流过渡阶段的无量纲压力

及导数值越小；窜流系数基本不影响除窜流以外的其他流动阶段。

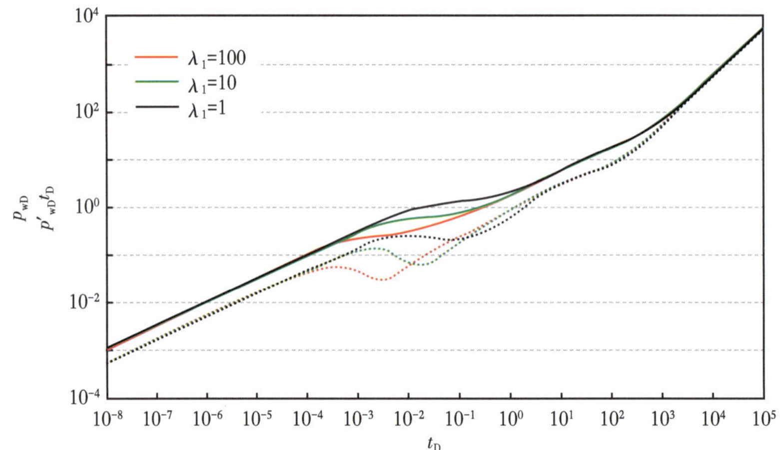

图 8.2.9　区域 1 窜流系数对无量纲压力及导数双对数曲线的影响（$\omega_1 = 0.01$）

图 8.2.10 为裂缝储容比对试井双对数曲线的影响。裂缝储容比对试井曲线的影响主要在基质岩块向天然裂缝的窜流阶段；裂缝储容比越大，窜流过渡阶段无量纲压力及导数值越小；裂缝储容比基本不影响除窜流以外的其他流动阶段。

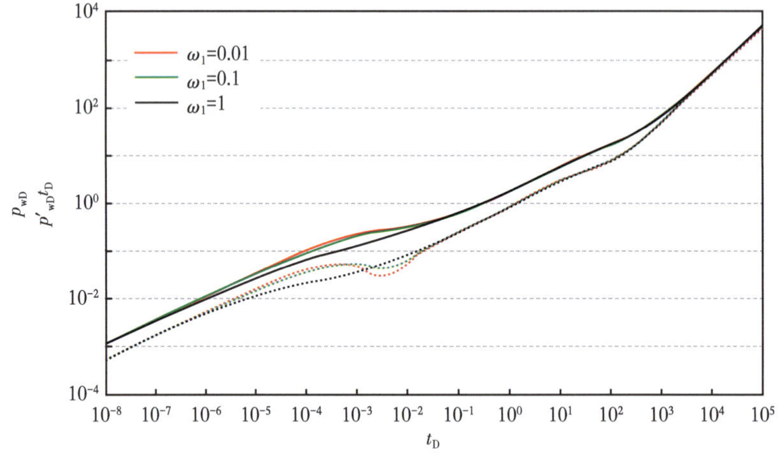

图 8.2.10　区域 1 弹性储容比对无量纲压力及导数双对数曲线的影响（$\lambda_1 = 100$）

附录 部分 MATLAB 计算代码

1 $\int_0^x K_0(x)\,dx$

```
function BINTK0=BintK0(x)
A=[1.2494934,0.3584641,0.1859840,0.0781715,0.0160395];
B=[1.2533141,0.1958273,0.0787284,0.0481455,0.0320504,0.0158449,0.0037128];
C=[2.000000000,0.666666667,0.100000003,0.007936494,0.000385833,0.000012590,0.000000319];
D=[0.84556868,0.50407836,0.11227902,0.01110118,0.00062664,0.00002069,0.00000116];
PIO2=pi/2;
XO2=x/2;
XO4=x/4;
if x==0
    BINTK0=0;
elseif x<2
    BIT=0;
    BKT=0;
    for i=1:7
        k=2*(i-1)+1;
        BIT=BIT+C(i)*XO2^k;
        BKT=BKT+D(i)*XO2^k;
    end
    BINTK0=-log(XO2)*BIT+BKT;
elseif (x>=2)&&(x<4)
    BKT=0;
    SIGN=1;
    for i=1:5
      k=i-1;
      BKT=BKT+SIGN*A(i)/XO2^k;
      SIGN=-SIGN;
    end
    BINTK0=PIO2-BKT/sqrt(x)/exp(x);
```

```
elseif (x>=4)&&(x<20)
    BKT=0;
    SIGN=1;
    for i=1:7
        k=i-1;
     BKT=BKT+SIGN * B(i)/XO4^k;
     SIGN=-SIGN;
        end
    BINTK0=PIO2-BKT/sqrt(x)/exp(x);
else
    BINTK0=PIO2;
end
end
```

$2\int_0^x I_0(x)\,dx$

```
function result=BintI0(x)
fak=[2 0.666666667 0.100000003 0.007936494 0.000385833 0.00001259 0.000000319];
fbk=[5.0 10.416666367 9.765629849 4.844024624 1.471860153 0.300704878 0.044686921
0.004500642 0.00059434];
fck=[0.41612 -0.0302912   0.1294122 -0.0202292 -0.015166];
fdk=[0.3989423   0.0311734   0.0059191 0.0055956 -0.0114858 0.017744 -0.0073995];
if x>0&&x<=2
     M1=0;
    for i=1:size(fak,2)
          M1=M1+fak(i) * (x/2)^(2 * (i-1)+1);
    end
    result=M1;
elseif x>2&&x<=5
    M2=0;
    for i=1:size(fbk,2)
          M2=M2+fbk(i) * (x/5)^(2 * (i-1)+1);
    end
    result=M2;
elseif x>5&&x<8
    M3=0;
```

```
    for i=1:size(fck,2)
        M3=M3+(fck(i)*(x/5)^(-1))*exp(x)*x^-0.5;
    end
    result=M3;
    elseif x>=8&&x<=700
    M4=0;
    for i=1:size(fdk,2)
        M4=M4+(fdk(i)*(x/8)^-(i-1))*exp(x)*x^-0.5;
    end
    result=M4;
elseif x>700
    result=1.531*10^302;
end
end
```

3 $\dfrac{\cosh[\sqrt{u}(y_{eD}-|y_{D1}|)]+\cosh[\sqrt{u}(y_{eD}-|y_{D2}|)]}{\sinh(\sqrt{u}y_{eD})}$

```
function fb=ch_sh_full(kesai0,yd,ywd,yed)
u=kesai0*kesai0;
if (kesai0*yed<=5*10^-4)
    if
(((yd+ywd)/yed<=2)&&(yed<=0.01)&&(kesai0/(pi/yed)^2<=0.01)||(kesai0/(pi/yed)^2<=0.0001))
    fb=2*yed/3;
    fb=fb-(yd+ywd+abs(yd-ywd));
    fb=fb+(yd^2+ywd^2)/yed;
    fb=fb+2/u/yed;
    fb=fb*kesai0;
  else
    sh=0;
    m=1;
    sh1=100;
    while 1
        arg=cos(m*pi*(yd+ywd)/yed)+cos(m*pi*abs(yd-ywd)/yed);
        arg=arg/((m*pi/yed)^2+u);
        sh=sh1+arg;
        tiny=abs(sh1-sh);
```

```
            if tiny<eps||m==20000
                  break;
            else
                  sh1=sh;
            end
            m=m+1;
      end
      fb=2*(sh1+1/u)/yed;
      fb=fb*kesai0;
      end
else
      arg1=kesai0*abs(yd-ywd);
      if arg1>50
            ex1=0;
      else
            ex1=exp(-arg1);
      end
      arg2=kesai0*(2*yed-abs(yd-ywd));
      if arg2>50
            ex2=0;
      else
            ex2=exp(-arg2);
      end
      arg3=kesai0*(yd +ywd);
      if arg3>50
            ex3=0;
      else
            ex3=exp(-arg3);
      end
      arg4=kesai0*(2*yed-(yd+ywd));
      if arg4>50
            ex4=0;
      else
            ex4=exp(-arg4);
      end
```

```
    ch=ex1+ex2+ex3+ex4;
    sh=0;
    m=1;
    while 1
        arg5=2 * m * kesai0 * yed;
        if arg5>50
            break;
        else
         ex=exp(-arg5);
         sh=sh+ex  ;
         m=m+1  ;
        end
        error=abs(ex/sh);
        if(error<=10^-11)||m==500000
            break;
        end
    end
    fb=ch * (1+sh);
end
end
```

参考文献

[1] 童晓光,张光亚,王兆明,等.全球油气资源潜力与分布[J].石油勘探与开发,2018,45(04):727-736.

[2] 胡文瑞,魏漪,鲍敬伟.中国低渗透油气藏开发理论与技术进展[J].石油勘探与开发,2018,45(04):646-656.

[3] Bourdet D, Gringarten A C. Determination of Fissure Volume And Block Size In Fractured Reservoirs By Type-Curve Analysis[C]. SPE-9293-MS presented at the SPE Annual Technical Conference and Exhibition, September 21-24, 1980.

[4] Lord Kelvin. Mathematical and physical papers[M]. Cambridge at the university Press, 1884.

[5] Hantush M S, Jacob C E. Non-steady radial flow in an infinite leaky aquifer[J]. Eos Transactions American Geophysical Union, 1955, 36(1): 95-100.

[6] Gringarten A C, Ramey J R. The use of source and Green's functions in solving unsteady-flow problems in reservoirs[J]. SPE Journal, 1973, 13(5): 285-296.

[7] Ozkan E, Raghavan R. New solutions for well-test-analysis problems: Part 1-analytical considerations[J]. SPE Formation Evaluation, 1991, 6(3): 359-368.

[8] Ozkan E, Raghavan R. New solutions for well-test-analysis problems: Part 2 computational considerations and applications[J]. SPE Formation Evaluation, 1991, 6(3): 369-378.

[9] Ozkan E, Raghavan R. Supplement to new solutions for well-test-analysis problems: Part 1-analytical considerations[C]. Paper SPE 23693, 1991.

[10] Ozkan E. New solutions for well-test-analysis problems: Part III-additional algorithms [C]. SPE 28424 presented at the SPE Annual Technical Conference and Exhibition, New Orleans, 1994.

[11] Kuchuk F J, Habashy T. Pressure behavior of laterally composite reservoirs[J]. SPE Journal, 1997, 12(1): 47-56.

[12] Basquet R, Alabert F G, Caltagirone J P, et al. A semi-analytical approach for productivity evaluation of wells with complex geometry in multilayered reservoirs[C]. SPE-49232 presented at SPE Annual Technical Conference and Exhibition, Houston, 1998.

[13] Ouyang L B, Aziz K A. Simplified approach to couple wellbore flow and reservoir inflow for arbitrary well configurations[C]. SPE-48936 presented at the SPE Annual Technical Conference and Exhibition, New Orleans, 1998.

[14] Yildiz T. Long-term performance of multilaterals in commingled reservoirs[C]. SPE-78985 presented at the SPE International Thermal Operations and Heavy Oil Symposium and International Horizontal Well Technology Conference, Calgary, 2003.

[15] Medeiros F, Ozkan E, Kazemi H. A Semi-analytical approach to model pressure transients in heterogeneous reservoirs[J]. SPE Reservoir Evaluation & Engineering, 2010, 13(2): 341-358.

[16] Stalgorova E, Mattar L. Practical analytical model to simulate production of horizontal wells with branch fractures. SPE-162515-MS. In: SPE Canadian Unconventional Resources Conference, 30 October-1 November, Calgary, Alberta, Canada. 2012.

[17] Stalgorova K, Mattar L. Analytical model for unconventional multi-fractured composite systems[J]. SPE Reservoir Evaluation & Engineering, 2013, 16(3), 246-256.

[18] Zhang L H, Gao J J, Hu S Y, et al. Five-region flow model for MFHWs in dual porous shale gas reservoirs[J]. Journal of Natural Gas Science and Engineering, 2016, 33, 1316-1323.

[19] 高杰，张烈辉，刘启国，等. 页岩气藏压裂水平井三线性流试井模型研究[J]. 水动力学研究与进展A辑，2014(01)：108-113.

[20] 刘曰武，刘慈群. 考虑井筒存储和表皮效应的有限导流垂直裂缝井的试井分析方法[J]. 油气井测试，1993(2)：2-10.

[21] 卢德唐，冯树义，孔祥言. 有界地层垂直裂缝井的井底瞬时压力[J]. 石油勘探与开发，1994，21(6)：59-65.

[22] 刘慈群. 垂直裂缝井的各类试井方法综述[J]. 石油勘探与开发，1995(1)：59-60.

[23] 张义堂，刘慈群. 垂直裂缝井椭圆流模型近似解的进一步研究[J]. 石油学报，1996(4)：71-74.

[24] 宋付权，刘慈群，吴柏志. 各向异性油藏椭圆不定常渗流近似解[J]. 石油勘探与开发，2001(1)：57-59.

[25] Cinco-Ley H, Samaniego V F, Dominguez A N. Transient pressure behavior for a well with a finite-conductivity vertical fracture[J]. SPE Journal, 1978, 18(4): 253-264.

[26] Cinco-Ley H, Meng H Z. Pressure transient analysis of wells with finite conductivity vertical fractures in double porosity reservoirs[C]. SPE 18172 presented at the SPE Annual Technical Conference and Exhibition, Houston, 1988.

[27] Rodriguez F, Cinco-Ley H, Samaniego V F. Evaluation of fracture asymmetry of finite-conductivity fractured wells[J]. SPE Production Engineering, 1992, 7(2): 233-239.

[28] Riley M F, Brigham W E, Horne R N. Analytic solutions for elliptical finite-conductivity fractures[C]. SPE 22656 presented at the SPE Annual Technical Conference and Exhibition, Dallas, 1991.

[29] Pedrosa O A. Pressure transient response in stress-sensitive formations[C]. SPE 15115-MS. 1986, In: SPE California Regional Meeting, 2-4 April, Oakland, California.

[30] Guo J, Zhang S, Zhang L, et al. Well testing analysis for horizontal well with consideration

of threshold pressure gradient in tight gas reservoirs[J]. Journal of Hydrodynamics, 2012, 24(4): 561-568.

[31] 曹丽娜, 李晓平, 罗诚, 等.裂缝性低渗气藏水平井不稳定产量递减探讨[J].西南石油大学学报(自然科学版), 2017, 39(3): 103-110.

[32] Wilkinson D, Hammond P S. A perturbation method for mixed boundary-value problems in pressure transient testing[J]. Transport in Porous Media, 1990, 5(6): 609-636.

[33] Wilkinson D J. New results for pressure transient behavior of hydraulically fractured wells [C]. SPE18950 presented at the Low Permeability Reservoirs Symposium. Denver, Colorado, 1989.

[34] 王晓冬, 罗万静, 侯晓春, 等. 矩形油藏多段压裂水平井不稳态压力分析[J]. 石油勘探与开发, 2014, 41(1): 74-78, 94.

[35] Luo Wanjing, Wang Xiaodong, Liu Pengcheng, et al. A simple and accurate calculation method for finite-conductivity fracture[J]. Journal of Petroleum Science and Engineering, 2018, 161: 590-598.

[36] Stehfest H. Algorithm numerical inversion of Laplace transforms [J]. Commun. ACM 1970, 13 (1), 47-49.

[37] Van Everdingen A F, Hurst W. The application of the Laplace transformation to flow problems in reservoirs[J]. Petrol. Trans. AIME, 1949, 1(12): 305-324.

[38] Fisher M K, Wright C A, Dadvison B M, et al. Integrating Fracture Mapping Technologies to Optimize Stimulations in the Barnett Shale [C]. SPE-77441-MS presented at SPE Annual Technical Conference and Exhibition, 29 September-2 October, San Antonio, Texas, 2002.

[39] Wang L, Wang X, Li J, et al. Simulation of pressure transient behavior for asymmetrically finite-conductivity fractured wells in coal reservoirs[J]. Transport in Porous Media. 2013, 97(3): 353-372.

[40] Liu Q G, Xu Y J, Peng X, et al. Pressure transient analysis for multi-wing fractured wells in dual-permeability hydrocarbon reservoirs [J]. Journal of Petroleum Science and Engineering. 2019, 180: 278-288.

[41] Xu Y J, Li X P, Liu Q G. Pressure performance of multi-stage fractured horizontal well with stimulated reservoir volume and irregular fractures distribution in shale gas reservoirs [J]. Journal of Natural Gas Science and Engineering, 2020, 77, Article ID 103209.

[42] Luo W, Tang C. Pressure-Transient Analysis of Multiwing Fractures Connected to a Vertical Wellbore[J]. SPE Journal, 2015, 20 (2): 360-367.

[43] Ren J, Guo P. Performance of vertical fractured wells with multiple finite-conductivity fractures[J]. Journal of Geophysics and Engineering, 2015, 12(6): 978-987.

[44] Restrepo D P, Tiab D. Multiple fractures transient response. In: Presented at Latin American and Caribbean Petroleum Engineering Conference, Cartagena de Indias, Colombia, 31 May-3 June, SPE-121594-MS. 2009.

[45] Berumen S, Rodriguez F, Tiab D. An investigation of fracture asymmetry on the pressure response of fractured wells[C]. SPE 38972 presented at the Latin American and Caribbean Petroleum Engineering Conference, Brazil, 1997.

[46] Zhao Y L, Zhang L H, Zhao J Z, et al. Triple porosity modeling of transient well test and rate decline analysis for multi-fractured horizontal well in shale gas reservoirs[J]. Journal of Petroleum Science and Engineering. 2013, 110: 253-262.

[47] Zhao Y, Zhang L, Shan B. Mathematical model of fractured horizontal well in shale gas reservoir with rectangular stimulated reservoir volume[J]. Journal of Natural Gas Science and Engineering, 2018, 59, 67-79.

[48] Zhao Y, Zhang L, Liu Y H. Transient pressure analysis of fractured well in bi-zonal gas reservoirs [J]. Journal of Hydrology, 2015, 524, 89-99.

[49] 江涛, 王玉根, 张修明, 等. 在页岩气试井分析中 Bessel 函数溢出问题的解决方法[J]. 天然气工业, 2017, (6): 42-45.

[50] 寇祖豪. 基于多重运移机制的煤层气压裂井试井分析理论研究[D]. 成都: 西南石油大学, 2015.

[51] 李树臣, 邵宪志, 付春权, 等. 压裂水平井压力动态曲线分析[J]. 大庆石油地质与开发, 2007, 26(2): 71-73.

[52] 刘启国, 徐有杰, 刘义成, 等.夹角断层多段压裂水平井试井求解新方法[J]. 应用数学和力学, 2018, 39(5): 558-567.

[53] Wang H, Guo J, Zhang L. A semi-analytical model for multilateral horizontal wells in low-permeability naturally fractured reservoirs [J]. Journal of Petroleum Science and Engineering. 2017, 149: 564-578.

[54] 王军磊, 位云生, 陈鹏,等. 分段压裂水平井压力动态分析及特征值方法[J]. 新疆石油地质, 2014, 35(2): 192-197.

[55] 贾品, 程林松, 黄世军, 等. 压裂裂缝网络不稳态流动半解析模型[J]. 中国石油大学学报(自然科学版), 2015(05): 107-116.

[56] 聂仁仕, 王苏冉, 贾永禄, 等. 多段压裂水平井负表皮压力动态特征[J]. 中国科技论文, 2015(09): 1027-1032.

[57] 王本成, 贾永禄, 李友权. 多段压裂水平井试井模型求解新方法[J]. 石油学报, 2013.

[58] 李树臣, 邵宪志, 付春权, 等. 压裂水平井压力动态曲线分析[J]. 大庆石油地质与开发, 2007, 26(2): 71-74.

[59] Chen C, Raghavan R. A multiply-fractured horizontal well in a rectangular drainage region

[J]. SPE Journal, 1997, 2(4): 455-465.

[60] Wang L, Wang X, Zhang H, et al. A Semi-analytical solution for multi-fractured horizontal wells in box-shaped reservoirs[J]. Mathematical Problems in Engineering. 2014: 1-12.

[61] 王磊. 复杂裂缝系统不定常渗流研究[D]. 北京:中国地质大学,2015.

[62] 徐有杰, 刘启国, 王瑞, 等.复合油藏压裂水平井复杂裂缝分布压力动态特征[J]. 岩性油气藏, 2019, 31(5): 161-168.

[63] Liu Q G, Xu Y J, Li L X, et al. Rate Decline Behavior of Selectively Completed Horizontal Wells in Naturally Fractured Oil Reservoirs[J]. Mathematical Problems in Engineering, 2019, Article ID 7281090.

[64] Chen Z M, Liao X W, Yu W, et al. Transient flow analysis in flowback period for shale reservoirs with complex fracture networks [J]. Journal of Petroleum Science and Engineering, 2018, 170: 721-737.

[65] 王立军, 张晓红, 马宁, 等. 压裂水平井裂缝与井筒成任意角度时的产能预测模型[J]. 油气地质与采收率, 2008, 15(6): 73-75.

[66] Larsen L, Hegre T M. Pressure-transient behavior of horizontal wells with finite-conductivity vertical fractures [C]. SPE 22076 presented at the International Arctic Technology Conference, Alaska, 1991.

[67] Larsen L, Hegre T M. Pressure transient analysis of multi-fractured horizontal wells[C]. SPE 23113 presented at the SPE Annual Technical Conference and Exhibition, New Orleans, 1994.

[68] Brown J E, Economides M J. An analysis of hydraulically fractured horizontal wells[C]. SPE 35506 presented at the European 3-D Reservoir Modelling Conference, Norway, 1991.

[69] Brown M L, Ozkan E, Raghavan R S, et al. Practical solutions for pressure transient responses of fractured horizontal wells in unconventional reservoirs [C]. SPE 125043 presented at the SPE Annual Technical Conference and Exhibition, New Orleans, 2009.

[70] 严涛, 贾永禄, 张秀华, 等. 考虑表皮和井筒存储效应的有限导流垂直裂缝井三线性流动模型试井分析[J]. 油气井测试, 2004(01): 1-3.

[71] 陈晓明, 廖新维, 赵晓亮,等. 直井体积压裂不稳定试井研究-单孔双区模型[J]. 科学技术与工程, 2014, 14(26):45-49.